Duden

150 übungen

5. bis 10. Klasse

Alle Themen
Typische Aufgaben

Mit Illustrationen von Steffen Butz

Dudenverlag
Mannheim • Zürich

Bibliografische Informationen der Deutschen Nationalbibliothek
Die Deutsche Nationalbibliothek verzeichnet diese Publikation
in der Deutschen Nationalbibliografie; detaillierte bibliografische
Daten sind im Internet über http://dnb.ddb.de abrufbar.

Bibliographisches Institut GmbH
Dudenstraße 6, 68167 Mannheim

Redaktionelle Leitung Annika Renker, Heike Krüger-Beer
Redaktion Dr. Wiebke Salzmann

Herstellung Annette Scheerer
Layout Horst Bachmann
Illustration Steffen Butz
Umschlaggestaltung Michael Acker
Umschlagillustration Steffen Butz

Satz tiff.any GmbH, Berlin
Druck und Bindung Firmengruppe APPL
Senefelderstraße 3–11, 86650 Wemding
Printed in Germany

ISBN 978-3-411-73981-3

Liebe Schülerin, lieber Schüler!

Bei einem oder mehreren Themen in Mathe möchtest du dich besser auskennen? Mit diesem Buch bist du auf dem richtigen Weg dazu. Der Schwerpunkt des Bandes ist das Üben: Mehr als 150 Übungseinheiten ermöglichen dir, dich auf die Klassenarbeit vorzubereiten und das Rechnen zu trainieren. Dabei kannst du die Themenbereiche, die dir Schwierigkeiten bereiten, ganz gezielt angehen. Die Kapitel greifen alle Themen auf, die du von der 5. bis zur 10. Klasse beherrschen musst. Am Anfang der Kapitel oder Unterkapitel erleichtern dir „Infokästen" den Einstieg.

Infokästen

In den Kästen findest du zusätzlich kurze Regeln und Rechenwege. Sie liefern den Stoff, den du aus der Schule kennst, in kleinen Portionen zum Auffrischen und Wiederholen. Danach kannst du das Wissen aus den Infokästen anhand der nachfolgenden Aufgaben üben.
Merke dir: Es ist nicht wichtig, dass du die Regeln auswendig lernst, sondern dass du sie anwendest, denn **Übung** macht den Meister.

Ob du nun Bruchrechnen, Geometrie, Prozent- und Zinsrechnen oder auch statistische Aufgaben trainieren willst, zu allem gibt es unterschiedliche Rechenübungen und Textaufgaben. Einige der Aufgaben kannst du direkt im Buch bearbeiten, für die anderen legst du dir am besten ein eigenes Übungsheft an.
Damit du dich bei den Übungen leicht zurechtfindest, steht in der Randspalte die **Klassenstufe,** für die die Aufgaben geeignet sind. Dies ist aber nur eine grobe Einordnung zur ersten Orientierung, schließlich unterrichtet nicht jeder Lehrer gleich und oft werden in späteren Jahrgängen Aufgaben noch einmal abgefragt. Deshalb spricht überhaupt nichts dagegen, dass du auch Aufgaben der anderen Klassenstufen übst.
Die ausführlichen **Lösungen** zu den Übungen findest du am Ende des Buches.

Viel Spaß beim Trainieren! Und beim Besserwerden!

Inhalt

Empfohlen für: 5 = 5. Klasse 6 = 6. Klasse 7–8 = 7. bis 8. Klasse usw.

Empfohlen für: 5 = 5. Klasse 6 = 6. Klasse 7–8 = 7. bis 8. Klasse usw.

4.2 Funktionen

5 Wahrscheinlichkeitsrechnung und Statistik

5.1 Zufall und Wahrscheinlichkeit

5.2 Statistik

Lösungen

Empfohlen für: 5 = 5. Klasse 6 = 6. Klasse 7–8 = 7. bis 8. Klasse usw.

1 Zahlenmengen und Rechenregeln

1.1 Natürliche und ganze Zahlen

Anordnung der natürlichen und der ganzen Zahlen

Erweitert man die Menge der **natürlichen Zahlen** $\mathbb{N} = \{0; 1; 2; 3; \ldots\}$ um die negativen Zahlen, erhält man die Menge der **ganzen Zahlen** $\mathbb{Z} = \{\ldots; -3; -2; -1; 0; 1; 2; 3; \ldots\}$. Die natürlichen und die ganzen Zahlen lassen sich der Größe nach ordnen. Der **Vorgänger** einer Zahl ist um 1 kleiner, der Nachfolger um 1 größer als die Zahl selbst. Der Abstand einer Zahl zur Null heißt **Betrag** der Zahl. Haben zwei verschiedene ganze Zahlen denselben Abstand zur Null, so heißt jede der beiden Zahlen **Gegenzahl** der anderen.

1 **Trage die fehlenden Zahlen ein.**

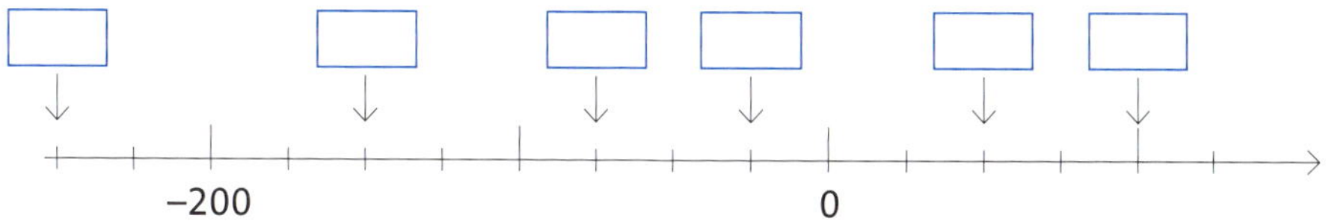

2 **Wie heißt die Gegenzahl und wie groß ist der Betrag beider Zahlen? Wie heißt der Vorgänger?**

Zahl	Gegenzahl	Betrag	Vorgänger
−5			
13			
−3,5			
12 345			
−1 003 942			

Große Zahlen

Um auch große Zahlen einfach benennen zu können, werden immer 1000 Einheiten zu einer nächsthöheren Einheit mit einem neuen Zahlwort zusammengefasst:

1000 = 1 Tausend
1 000 000 = 1 Million
1 000 000 000 = 1 Milliarde
1 000 000 000 000 = 1 Billion

Zur besseren Übersichtlichkeit kann man große Zahlen durch Zwischenräume in Dreierpäckchen gliedern.

3 Lies die folgenden Zahlen und schreibe ihre Zahlwörter.

a) 1 302 405 116
b) 52 546 987
c) 770 001 234 955

4 Schreibe mit Ziffern.

a) achthundertsechsunddreißig Milliarden neunhundertvierundachtzig Millionen fünftausendzweiundvierzig
b) fünfzehn Milliarden neunhundertsechsundsechzigtausendelf
c) vierhundertzweiundsiebzig Billionen eintausendzwölf

5 Schreibe als Zahl und in Worten.

a) Eine 7-stellige Zahl, in der keine Ziffer außer der 3 vorkommt.
b) Eine 12-stellige Zahl, die vorne sechsmal die Ziffer 4 enthält und am Ende sechsmal die Ziffer 9 enthält.
c) Die kleinstmögliche 9-stellige Zahl, die alle geraden Ziffern enthält.
d) An der 11. Stelle steht eine 2, an der 12. eine 5, sonst besteht die Zahl nur aus Nullen.

Runden und Überschlagen

Ist die erste Ziffer nach der Rundungsstelle 5, 6, 7, 8 oder 9, wird **aufgerundet,** ist die erste Ziffer nach der Rundungsstelle 0, 1, 2, 3 oder 4, wird **abgerundet.**

Beispiel: 3456 auf die Zehnerstelle gerundet wird zu: 3460
3454 auf die Zehnerstelle gerundet wird zu: 3450

Beim **Überschlagen** einer Rechnung rechnet man im Kopf mit stark gerundeten Werten, um eine Größenvorstellung vom Ergebnis zu erhalten.

Beispiel: Statt 976 534 · 5256 rechnet man: 1 000 000 · 5000

6 Runde auf die angegebene Stelle.

Runde auf	Hunderter	Tausender	Zehntausender	Hunderttausender
345 788				
19 053 706				
1 283 729				

7 Überschlage das Ergebnis.

a) 6780 · 3122
b) 178 641 : 10 800
c) 7531 + 2067 – 5508
d) 33 245 – 12 987 + 25 196
e) Henry hat 20 €, um für die Geburtstagsparty einzukaufen. Er lädt folgendes in seinen Einkaufswagen: sechs Tüten Chips für 2,79 €, fünf Tüten Salzstangen zu 89 ct und zwei Tafeln Schokolade zu 1,09 €. Reicht das Geld?

5. KLASSE

Zahlensysteme

Zahlen werden normalerweise im **Zehnersystem** geschrieben. Computer rechnen dagegen im **Zweiersystem.** Genau wie im Zehnersystem hängt auch im Zweiersystem der Wert einer Ziffer von der Stelle ab, an der sie steht. Im Zweiersystem erhält man die nächsthöhere Stufe durch Multiplikation mit 2.

Stellenwerte im Zehnersystem:

HT	ZT	T	H	Z	E
5	6	8	1	6	9

Stellenwerte im Zweiersystem:

32er	16er	8er	4er	2er	1er
1	0	0	1	1	0

8 **Übertrage die angegebenen Zahlen aus dem Zweiersystem in das Zehnersystem. Nimm dazu die Stellenwerttafel des Zweiersystems.**

Zahl im Zweiersystem	Stellenwerttafel des Zweiersystems							Umrechnung ins Zehnersystem
	64	32	16	8	4	2	1	
$(101)_2$								
$(11101)_2$								
$(1101010)_2$								

9 **Bestimme die benachbarten Zahlen im Zweiersystem.**

Vorgänger				
Zahl	$(1011)_2$	$(110100)_2$	$(1000111)_2$	$(100111)_2$
Nachfolger				

10 **Übertrage vom Zehnersystem ins Zweiersystem.**

a) $(12)_{10}$
b) $(45)_{10}$
c) $(79)_{10}$
d) $(112)_{10}$

5. KLASSE

Addieren und Subtrahieren natürlicher Zahlen

Beim **Addieren** dürfen die Summanden vertauscht werden **(Kommutativgesetz).**

Beispiel: $3 + 4 = 4 + 3$

Die Reihenfolge der Rechenschritte darf beim Addieren geändert werden **(Assoziativgesetz).**

Beispiel: $(3 + 4) + 2 = 3 + (4 + 2)$

Beim **Subtrahieren** dürfen **weder** Minuend und Subtrahend **noch** die Rechenschritte einfach vertauscht werden.

Beispiel: $7 - 3 \neq 3 - 7$

$(7 - 4) - 3 = 3 - 3 = 0$, aber $7 - (4 - 3) = 7 - 1 = 6$

11 Übertrage die Aufgaben so in dein Heft, dass die entsprechenden Stellen untereinander stehen. Berechne schriftlich.

a) 307 + 412
b) 112 + 22
c) 217 – 22
d) 935 – 475 – 82 – 6
e) 756 + 47 + 93 + 434
f) 3121 – 1349
g) 86 444 – 37 710 – 101 – 4 678
h) 27 902 – 4090 – 13 243
i) 411 + 711
j) 6271 – 5389
k) 4562 + 14 901 + 5390 + 291 + 9087
l) 56 888 + 1 017 755 + 3546 + 84 011

12 Übertrage den Text der Aufgabe zunächst in einen Rechenausdruck. Überschlage zuerst das Ergebnis und berechne es anschließend.

a) Subtrahiere von 600 000 die Summe der Zahlen 72 009 und 311 777.
b) Vergrößere die Differenz aus 8954 und 6294 um 3459.
c) Subtrahiere die Differenz der Zahlen 7654 und 449 von deren Summe.

Addieren und Subtrahieren ganzer Zahlen

Vorzeichen und Rechenzeichen dürfen zusammengefasst werden:

- Gleiches Vorzeichen und Rechenzeichen ergibt „+“.
  Beispiel: $3 + (+7) = 3 + 7$
  $3 - (-7) = 3 + 7$
- Unterschiedliches Vorzeichen und Rechenzeichen ergibt „–“.
  Beispiel: $3 + (-7) = 3 - 7$
  $3 - (+7) = 3 - 7$

13 Jede Zahl der Zahlenmauer ist die Summe der beiden unter ihr stehenden Zahlen. Ergänze die fehlenden Zahlen.

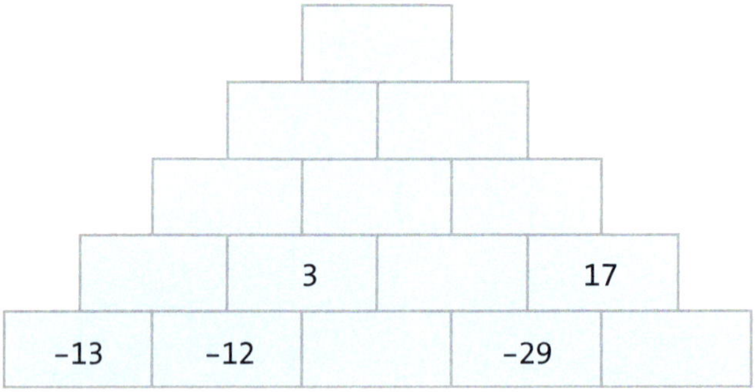

14 Berechne jeweils schrittweise.

a) $(-12) + (-32) - (+45)$
b) $(+38) - (-20) + (+59)$
c) $(-27) + (+199) - (-87)$
d) $(+176) - (+459) - (-66)$
e) $(+100) + (+561) - (-333)$
f) $(-2344) - (-987) - (-3001)$

15 Das Konto von Frau Siegel weist ein Guthaben von 932 € auf. Frau Siegel hebt 150 € für Einkäufe ab, überweist eine Arztrechnung in Höhe von 397 € und erhält eine Nebenkosten-Rückzahlung in Höhe von 58 €. Welchen Kontostand hat sie anschließend?

Multiplizieren und Dividieren natürlicher Zahlen

Beim **Multiplizieren** dürfen die Faktoren vertauscht werden **(Kommutativgesetz).**

Beispiel: $3 \cdot 4 = 4 \cdot 3$

Die Reihenfolge der Rechenschritte darf beim Multiplizieren geändert werden **(Assoziativgesetz).**

Beispiel: $(3 \cdot 4) \cdot 2 = 3 \cdot (4 \cdot 2)$

Beim **Dividieren** dürfen **weder** Dividend und Divisor **noch** die Rechenschritte einfach vertauscht werden.

Beispiel: $9 : 3 \neq 3 : 9$
$(18 : 6) : 3 = 3 : 3 = 1$, aber $18 : (6 : 3) = 18 : 2 = 9$

16 Multipliziere schriftlich. Beachte alle Tipps und Rechenregeln.

a) $60 \cdot 70\,000$
b) $7153 \cdot 6$
c) $7003 \cdot 8623$
d) $3 \cdot 2487 \cdot 100$
e) $1000 \cdot 5661 \cdot 4$
f) $18 \cdot 9603$

17 Dividiere schriftlich. Achte sorgsam auf die richtige Behandlung der Nullen. Ab Aufgabe e) entstehen Reste.

a) $509\,040 : 101$
b) $81\,162 : 27$
c) $45\,000 : 25$
d) $140\,280 : 14$
c) $3920 : 19$
f) $9877 : 20$
g) $10\,545 : 23$
h) $26\,799 : 36$

18 Eine Verpackungsmaschine verpackt jeweils 6 Eier in einen Eierkarton. Täglich schafft diese Maschine 4500 solcher Kartons. Wie viele Eier werden in einem Monat mit 30 Tagen verpackt?

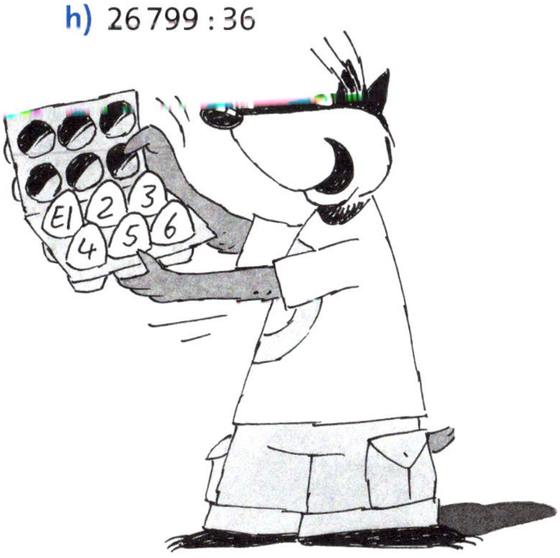

Multiplizieren und Dividieren ganzer Zahlen

Haben alle Faktoren bzw. Dividend und Divisor dasselbe Vorzeichen, ist das Ergebnis positiv, z. B.:

$(+3) \cdot (+7) = +21 \quad (-3) \cdot (-7) = +21 \quad (-9) : (-3) = +3 \quad (+9) : (+3) = +3$

Haben beide Faktoren bzw. Dividend und Divisor ungleiche Vorzeichen, ist das Ergebnis negativ, z. B.:

$(+3) \cdot (-7) = -21 \quad (-3) \cdot (+7) = -21 \quad (-9) : (+3) = -3 \quad (+9) : (-3) = -3$

19 Multipliziere in deinem Übungsheft.

a) $(-3) \cdot 5$

b) $4 \cdot (-7)$

c) $(-6) \cdot (-2)$

d) $(-34) \cdot 12$

e) $101 \cdot (-7)$

f) $(-460) \cdot (-15)$

20 Dividiere in deinem Übungsheft.

a) $(-20) : 5$

b) $42 : (-7)$

c) $(-26) : (-2)$

d) $81 : (-9)$

e) $(-120) : (-6)$

f) $(-364) : (-14)$

21 Berechne die leeren Felder. Verfolge dabei möglichst viele Wege und kontrolliere deine Ergebnisse durch bereits errechnete Zwischenergebnisse.

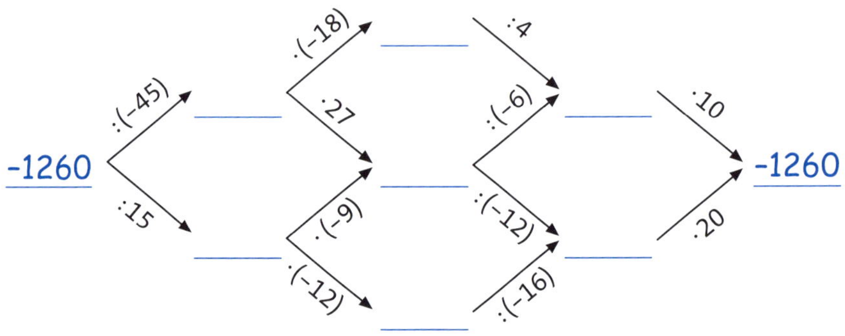

Rechnen mit Potenzen

Produkte mit mehreren gleichen Faktoren heißen **Potenzen** und können in abgekürzter Schreibweise dargestellt werden.

Beispiel: $2 \cdot 2 \cdot 2 \cdot 2 = 2^4$

Dabei ist die „2" im Beispiel die **Basis**, die „4" die Hochzahl oder der **Exponent.**
Der **Exponent** gibt also die Anzahl der Faktoren an. Bei Zehnerpotenzen gibt der Exponent die Zahl der Nullen an.

Beispiel: $10\,000 = 10^4$, $1 = 10^0$

22 Berechne in deinem Übungsheft.

a) $7 \cdot 10^6$
b) $5 \cdot 10^5 + 3 \cdot 10^5$ (Schreibe das Ergebnis auch als Zehnerpotenz!)
c) $1000 \cdot 100 \cdot 10\,000$ (Schreibe das Ergebnis auch als Zehnerpotenz!)
d) $10^3 \cdot 10^3$ (Schreibe das Ergebnis auch als Zehnerpotenz!)
e) fünfhundert mal fünfhundert mal fünfhundert
f) $100 \cdot 100\,000 : 10^6$

23 Rechne die folgenden Aufgaben in deinem Übungsheft.

a) Potenzen mit dem Exponenten 2, also z. B. 3^2, nennt man Quadratzahlen. Man sagt auch „9 ist das Quadrat von 3". Schreibe alle Quadratzahlen der Zahlen von 1 bis 15 auf.
b) Schreibe als Produkt und berechne: 2^5, 3^3, 4^4
c) Schreibe als Produkt von Potenzen und berechne: $6 \cdot 6 \cdot 5 \cdot 6 \cdot 7 \cdot 7 \cdot 5 \cdot 5 \cdot 7$

Terme und Rechenregeln für natürliche Zahlen

Ein **Term** besteht aus Zahlen, Potenzen und Rechenzeichen und wird mithilfe von Klammern gegliedert. Die Reihenfolge der Berechnung richtet sich nach folgenden **„Vorfahrtsregeln"**:

1. Klammern werden zuerst berechnet. Gibt es mehrere geschachtelte Klammern, wird „von innen nach außen" gerechnet.
2. Gibt es keine Klammern, wird von links nach rechts gerechnet.
3. Potenzrechnung vor Punktrechnung vor Strichrechnung.

Distributivgesetz: Eine Summe (oder eine Differenz) kann mit einem Faktor multipliziert werden, indem man jeden Summanden (bzw. Minuenden und Subtrahenden) einzeln mit dem Faktor multipliziert und die entstandenen Produkte addiert (bzw. subtrahiert).

Beispiel: $(8 + 20) \cdot 2 = 8 \cdot 2 + 20 \cdot 2 = 16 + 40 = 56$

Genauso geht man vor, wenn man eine Summe (oder Differenz) durch einen Divisor teilen will.

Beispiel: $(8 + 20) : 2 = 8 : 2 + 20 : 2 = 4 + 10 = 14$

24 Nutze das Distributivgesetz (Ausklammern oder Ausmultiplizieren) für die schnelle Berechnung im Kopf.

a) $5 \cdot (11 + 8)$
b) $(10 - 1) \cdot 25$
c) $6 \cdot 17 + 6 \cdot 3$
d) $(48 + 36) : 12$
e) $91 : 13 - 78 : 13$
f) $26 \cdot 11 - 11$

25 Übertrage den Text der Aufgabe zunächst in einen Term und berechne diesen.

a) Addiere 34 zum Produkt aus 12 und 9.
b) Dividiere die Summe aus 35 und 25 durch ihre Differenz.
c) Multipliziere den Quotienten aus dem Divisor 24 und dem Dividenden 120 mit der Differenz aus dem Minuenden 45 und dem Subtrahenden 29.
d) Vermindere die dritte Potenz von 5 um die Summe aus 19 und der Quadratzahl von 6.

Terme und Rechenregeln für ganze Zahlen

Für Terme mit ganzen Zahlen gelten dieselben Rechenregeln wie für Terme mit natürlichen Zahlen. Wenn du unsicher bist, sieh sie dir im letzten Abschnitt auf S. 16 noch einmal an.

26 Ergänze jeden der Terme so durch Klammern, dass das Ergebnis stimmt.

a) $-3 \cdot 5 - 2 + 8 = -1$
b) $-3 \cdot 5 - 2 + 8 = -9$
c) $-3 \cdot 5 - 2 + 8 = -33$
d) $-3 \cdot 5 - 2 + 8 = -25$
e) $-3 \cdot 5 - 2 + 8 = -5$
f) $-3 \cdot 5 - 2 + 8 = -21$

27 Berechne die folgenden Terme durch Ausmultiplizieren.

a) $(-25) \cdot [(-20) + 2]$
b) $37 \cdot [10 + (-1)]$
c) $[30 + 5] \cdot (-8)$
d) $15 \cdot [40 + (-3)]$
e) $(-2) \cdot [(-32) + (-5)]$
f) $[25 - (-60)] \cdot (-4)$

28 Berechne die folgenden Terme durch Ausklammern.

a) $(-11) \cdot 4 + (-11) \cdot 26$
b) $17 \cdot (-28) + 17 \cdot (-2)$
c) $13 \cdot 24 + (-3) \cdot 24$
d) $(-14) \cdot (-25) + (-25) \cdot (-6)$
e) $63 \cdot (-16) + (-16) \cdot 3$
f) $(-12) \cdot (-15) + (-12) \cdot 35$

29 Beachte beim Berechnen der Terme die „Vorfahrtsregeln".

a) $(-24) + (-23)$
b) $7 - (-67) + 86$
c) $(-255) + 3 \cdot (-128) - 56$
d) $887 + (-2) \cdot (-25 + 133)$
e) $(-2) \cdot [9 : (-3) + (-25)]$
f) $8 - 5 \cdot [2 - ((-49) : 7)]$
g) $1500 . (-30) - 92 \cdot (-10)$

5. KLASSE

Primzahlen und Primfaktorzerlegung

Eine Zahl, die genau 2 Teiler hat – sich selbst und die 1 – heißt Primzahl. Zum Beispiel ist 7 nur durch 7 und 1 teilbar, 7 ist also eine Primzahl. Jede natürliche Zahl, die nicht selbst eine Primzahl ist, kann als Produkt aus **Primfaktoren** geschrieben werden. Gleiche Faktoren fasst man mithilfe der Potenzschreibweise zusammen, z. B.:

$$4200 = 2 \cdot 2100 = 2 \cdot 2 \cdot 1050 = 2 \cdot 2 \cdot 2 \cdot 525 = 2 \cdot 2 \cdot 2 \cdot 3 \cdot 175$$
$$= 2 \cdot 2 \cdot 2 \cdot 3 \cdot 5 \cdot 35 = 2 \cdot 2 \cdot 2 \cdot 3 \cdot 5 \cdot 5 \cdot 7 = 2^3 \cdot 3 \cdot 5^2 \cdot 7$$

30 Ergänze jeweils die fehlenden Primzahlen in der Primfaktorzerlegung.

a) $42 = 2 \cdot \_\_\_ \cdot 7$

b) $90 = 2 \cdot \_\_\_ \cdot \_\_\_ \cdot 5$

c) $165 = 3 \cdot 5 \cdot \_\_\_$

d) $390 = \_\_\_ \cdot 3 \cdot \_\_\_ \cdot 13$

e) $2695 = \_\_\_ \cdot 7 \cdot 7 \cdot \_\_\_$

f) $2750 = 2 \cdot \_\_\_ \cdot 5 \cdot \_\_\_ \cdot 11$

31 Gib die Primfaktorzerlegung der Zahlen in Potenzschreibweise an.

a) 56
b) 89
c) 110
d) 125
e) 168
f) 608
g) 847
h) 864
i) 1260
j) 4000
k) 13 230
l) 15 125

Gemeinsame Teiler und Vielfache

Das **kleinste gemeinsame Vielfache** (kgV) zweier Zahlen lässt sich mithilfe einer Primfaktorzerlegung bestimmen. Man multipliziert die höchsten Potenzen aller vorkommenden Primfaktoren, wobei diejenigen Primfaktoren, die in beiden Zahlen vorkommen, nur einmal verwendet werden, z. B.:

$60 = 2^2 \cdot 3 \cdot 5$; $18 = 2 \cdot 3^2$, also ist $\text{kgV}(18, 60) = 2^2 \cdot 3^2 \cdot 5 = 180$

Den **größten gemeinsamen Teiler** (ggT) zweier Zahlen kann man ebenfalls mithilfe der Primfaktorzerlegung bestimmen. Man multipliziert alle Primfaktoren, die in beiden Zerlegungen gleichzeitig vorkommen, z. B.:

$216 = 2 \cdot 2 \cdot 2 \cdot 3 \cdot 3 \cdot 3$; $126 = 2 \cdot 3 \cdot 3 \cdot 7$,
also ist $\text{ggT}(126, 216) = 2 \cdot 3^2 = 18$

32 Bestimme das kgV durch Primfaktorzerlegung.

a) kgV (48, 108)
b) kgV (20, 162)
c) kgV (75, 95)
d) kgV (125, 325)
e) kgV (10, 15, 18)
f) kgV (32, 45, 50)

33 Bestimme den ggT durch Primfaktorzerlegung.

a) ggT (28, 126)
b) ggT (510, 570)
c) ggT (28, 84, 140)
d) ggT (78, 156, 208)
e) ggT (18, 72, 192, 210)
f) ggT (66, 132, 165, 363)

34 Berechne in deinem Übungsheft.

a) Vater und Sohn gehen nebeneinander. Während der Vater eine Schrittlänge von 70 cm hat, kann sein Sohn nur 40 cm lange Schritte machen. Nach wie vielen Schritten befinden sich ihre Füße wieder auf gleicher Höhe?

b) Von zwei 2 m langen Stangen wird die eine in 25 cm lange Stücke und die andere in 20 cm lange Stücke zersägt. Wo gibt es gemeinsame Schnittstellen?

1.2 Rationale Zahlen

Bruchteile

Ein **Bruch** steht für einen Anteil an einem Ganzen. Teilt man ein Ganzes z. B. in fünf gleich große Teile, erhält man $\frac{5}{5}$. Die Zahl unter dem Bruchstrich heißt **Nenner** und gibt an, in wie viele gleich große Teile ein Ganzes aufgeteilt wird; die Zahl über dem Bruchstrich heißt **Zähler** und gibt an, wie viele dieser Teile gemeint sind.

Beispiel: $\frac{3}{5}$ bedeutet, dass ein Ganzes in 5 gleich große Teile aufgeteilt wurde und von diesen 5 Teilen 3 gemeint sind.

35 Gib den Inhalt der Messbecher jeweils als Bruchteil von 1 Liter an.

a) ____ b) ____ c) ____ d) ____ e) ____

36 Schreibe als Bruch.

a) 500 ml = ____ l
b) 250 g = ____ kg
c) 45 min = ____ h
d) 50 cm = ____ m
e) 5 mm = ____ cm
f) 125 ml = ____ l

37 Bestimme die Anzahl, die dem angegebenen Bruch entspricht.

a) $\frac{1}{2}$ von 28 kg
b) $\frac{3}{4}$ von 12 m
c) $\frac{5}{6}$ von 24 Äpfeln
d) $\frac{13}{20}$ von 60 min

Kürzen und Erweitern von Brüchen

Beim **Erweitern** werden Zähler und Nenner mit derselben Zahl multipliziert. Beim **Kürzen** werden Zähler und Nenner durch dieselbe Zahl dividiert. Weder beim Kürzen noch beim Erweitern ändert sich der Wert des Bruchs.

Beispiel: $\frac{2}{4} = \frac{2 \cdot 2}{4 \cdot 2} = \frac{4}{8}$ und $\frac{2}{4} = \frac{2 : 2}{4 : 2} = \frac{1}{2}$

38 Ergänze den fehlenden Zähler oder Nenner jeweils durch Erweitern des Bruchs. Gib auch den Faktor an, mit dem erweitert wurde.

a) $\frac{3}{5} = \frac{\quad}{10}$ b) $\frac{6}{7} = \frac{\quad}{21}$ c) $\frac{13}{4} = \frac{\quad}{20}$

d) $\frac{9}{4} = \frac{27}{\quad}$ e) $\frac{8}{5} = \frac{48}{\quad}$ f) $\frac{3}{14} = \frac{9}{\quad}$

g) $\frac{18}{11} = \frac{\quad}{110}$ h) $\frac{15}{2} = \frac{\quad}{30}$ i) $\frac{1}{50} = \frac{\quad}{700}$

39 Kürze die Brüche vollständig.

a) $\frac{10}{15}; \frac{21}{7}; \frac{12}{8}$

b) $\frac{16}{24}; \frac{22}{33}; \frac{25}{30}$

c) $\frac{28}{21}; \frac{150}{30}; \frac{80}{60}$

d) $\frac{45}{27}; \frac{48}{36}; \frac{64}{40}$

**40 Kürze oder erweitere die beiden Brüche jeweils so, dass sie entweder den gleichen Zähler haben oder gleichnamig sind.
Vergleiche sie anschließend und schreibe < („kleiner als"), > („größer als") oder = („gleich") zwischen die Brüche.**

a) $\frac{5}{7} \square \frac{6}{8}$ b) $\frac{3}{4} \square \frac{27}{36}$ c) $\frac{5}{4} \square \frac{11}{9}$

d) $\frac{3}{12} \square \frac{5}{8}$ e) $\frac{6}{35} \square \frac{3}{17}$ f) $\frac{15}{24} \square \frac{7}{16}$

Addieren und Subtrahieren von Brüchen

Um Brüche addieren oder subtrahieren zu können, muss man sie zunächst **gleichnamig** machen. Dann werden die Zähler addiert (oder subtrahiert) und der gemeinsame Nenner wird beibehalten.

Beispiel: $\frac{2}{3}+\frac{3}{4}=\frac{2\cdot 4}{3\cdot 4}+\frac{3\cdot 3}{4\cdot 3}=\frac{8}{12}+\frac{9}{12}=\frac{17}{12}$

41 Addiere bzw. subtrahiere die Brüche.

a) $\frac{5}{8}+\frac{6}{8}$ b) $\frac{7}{16}-\frac{7}{16}$ c) $\frac{25}{9}-\frac{11}{9}$

d) $\frac{5}{16}+\frac{7}{8}$ e) $\frac{9}{4}-\frac{7}{20}$ f) $\frac{25}{18}-\frac{11}{12}$

g) $\frac{1}{24}+\frac{11}{16}$ h) $\frac{9}{7}-\frac{7}{9}$ i) $\frac{11}{27}+\frac{20}{18}$

42 Die Schüler der Klasse 5b kommen von unterschiedlichen Grundschulen. $\frac{1}{4}$ der Klasse besuchte die Ketteler-Schule, $\frac{3}{8}$ gingen zur Eichendorff-Schule und $\frac{1}{6}$ war zuvor auf der Marienschule. Die restlichen Schüler besuchten andere Grundschulen. Wie groß ist ihr Anteil?

43 In einem Zauberquadrat ist die Summe der Zahlen in den Zeilen, Spalten und Diagonalen immer gleich groß.
Ergänze die fehlenden Stellen in den Zauberquadraten.

a)

		$\frac{2}{3}$
$\frac{5}{6}$	$\frac{7}{6}$	
$\frac{5}{3}$		

b)

		$\frac{7}{6}$
	$\frac{4}{3}$	
$\frac{3}{2}$	$\frac{2}{3}$	

c)

$\frac{4}{5}$	$\frac{1}{10}$	$\frac{3}{5}$
	$\frac{1}{2}$	

5.-6. KLASSE

Multiplizieren und Dividieren von Brüchen

Zwei Brüche werden **multipliziert,** indem man die beiden Zähler und die beiden Nenner jeweils miteinander multipliziert.

Beispiel: $\frac{2}{3} \cdot \frac{4}{5} = \frac{2 \cdot 4}{3 \cdot 5} = \frac{8}{15}$

Ein Bruch wird durch einen zweiten Bruch **dividiert,** indem man ihn mit dem **Kehrwert** des zweiten Bruchs multipliziert.

Beispiel: $\frac{2}{3} : \frac{4}{5} = \frac{2}{3} \cdot \frac{5}{4} = \frac{2 \cdot 5}{3 \cdot 4} = \frac{10}{12} = \frac{5}{6}$

44 Berechne die Ausdrücke. Kürze wenn möglich vor dem Multiplizieren.

a) $\frac{1}{2} \cdot \frac{3}{4}$ b) $\frac{10}{7} \cdot \frac{3}{5}$ c) $\frac{3}{5} \cdot \frac{2}{9}$

d) $\frac{11}{20} \cdot \frac{15}{22}$ e) $\frac{1}{4} \cdot \frac{4}{3} \cdot \frac{3}{1}$ f) $\frac{3}{8} \cdot \frac{4}{5} \cdot \frac{10}{9}$

45 Sieben Zehntel der Erdoberfläche sind mit Wasser bedeckt. Etwa die Hälfte davon nimmt der Pazifische Ozean ein. Wie groß ist sein Anteil an der gesamten Erdoberfläche?

46 Wandle die Doppelbrüche in eine Division um und berechne die Ergebnisse. Kürze so weit wie möglich.

a) $\dfrac{\frac{2}{5}}{\frac{1}{6}}$ b) $\dfrac{\frac{3}{2}}{\frac{15}{4}}$

47 Berechne die Ausdrücke. Kürze so weit wie möglich.

a) $\frac{3}{10} : \frac{1}{2}$ b) $\frac{4}{9} : \frac{2}{3}$

c) $\frac{12}{7} : \frac{8}{21}$ d) $\frac{35}{78} : \frac{49}{130}$

Gemischte Zahlen und unechte Brüche

Ein Bruch, dessen Zähler größer ist als sein Nenner oder genau so groß, heißt **unechter Bruch.** Unechte Brüche können als **gemischte Zahlen** geschrieben werden.

Beispiel: $\frac{5}{4} = \frac{4}{4} + \frac{1}{4} = 1 + \frac{1}{4} = 1\frac{1}{4}$

Bei einem Scheinbruch ist der Zähler ein Vielfaches des Nenners. **Scheinbrüche** entsprechen ganzen Zahlen.

Beispiel: $\frac{8}{4} = \frac{2 \cdot 4}{4} = 2 \cdot \frac{4}{4} = 2$

48 Claudia hat einen Geheimtext geschrieben. Entschlüssle ihn, indem du die blau gedruckten Bruchzahlen möglichst weit kürzt und Scheinbrüche als ganze Zahlen schreibst.

Gestern habe ich sechs achtel ______________ Stunden Fußball gespielt. Ich habe insgesamt fünfzehn drittel ______________ Eckbälle und vier halbe ______________ Tore geschossen. Vor lauter Durst habe ich dreißig zwanzigstel ______________ Liter Mineralwasser getrunken. Leider wurde ich fünfzig zehntel ______________ Minuten vor Schluss ausgewechselt. Am Ende haben wir acht Halbe ______________ zu acht Achtel ______________ gewonnen.

49 Schreibe in Bruchschreibweise.

a) $1\frac{1}{2}$ b) $2\frac{1}{4}$ c) $5\frac{1}{4}$ d) $3\frac{2}{3}$

50 Gib das Ergebnis in gemischter Schreibweise an.

a) $9 : 2$ b) $5 : 4$ c) $10 : 3$ d) $26 : 6$

6. KLASSE

Rechnen mit Brüchen

Für das Rechnen mit Brüchen gelten dieselben **„Vorfahrtsregeln“,** die du auch schon für das Rechnen mit Zahlen kennst:

1. Klammern werden zuerst berechnet. Gibt es mehrere geschachtelte Klammern, wird „von innen nach außen“ gerechnet.
2. Gibt es keine Klammern, wird von links nach rechts gerechnet.
3. Potenzrechnung vor Punktrechnung vor Strichrechnung.

Außerdem gelten die **Kommutativgesetze,** die **Assoziativgesetze** und die **Distributivgesetze,** die du auf den Seiten 11, 13 und 16 findest.

51 Rechne von links nach rechts. Kürze soweit wie möglich.

a) $\frac{1}{5}+\frac{3}{10}+\frac{3}{5}$

b) $\frac{1}{2}+\frac{1}{3}+\frac{1}{4}$

c) $\frac{9}{10}-\frac{1}{5}-\frac{2}{3}$

d) $3\frac{1}{4}+1\frac{1}{2}-2\frac{1}{8}$

e) $\frac{1}{2}\cdot\frac{1}{4}\cdot\frac{1}{11}$

f) $\frac{2}{3}\cdot\frac{3}{5}\cdot\frac{15}{4}$

g) $\frac{3}{4}\cdot\frac{8}{7}\cdot\frac{14}{5}$

h) $\frac{3}{4}\cdot\frac{2}{7}:\frac{3}{2}$

52 Berechne die Terme.

a) $\frac{6}{5}\cdot\frac{3}{4}-\frac{1}{4}$

b) $\frac{13}{7}+\frac{5}{7}\cdot\frac{3}{2}$

c) $\frac{1}{2}-\frac{1}{3}-\frac{1}{6}$

d) $\frac{3}{11}\cdot\frac{22}{5}+\frac{5}{6}\cdot\frac{3}{2}$

53 In einem alten Druidenbuch findet sich der folgende Text. Stelle für die angegebene Menge einen Rechenausdruck auf und berechne damit den gesuchten Bruchteil.

„Damit der Trank auch wirkt, musst du die rechte Menge an Katzentränen wohl bestimmen. Nimm hierzu ein Viertel von einer halben Träne. Füge ihr ein Drittel einer drittel Träne hinzu. Verdopple anschließend die Menge und gib all dies dem Trank hinzu ...“

54 **Vereinfache bei den Doppelbrüchen zuerst Zähler und Nenner. Achte darauf, den Hauptbruchstrich jeweils etwas länger als die übrigen Bruchstriche zu machen.**

Beispiel: $\dfrac{\frac{5}{2}\cdot\frac{3}{4}}{\frac{1}{2}+\frac{3}{4}} = \dfrac{\frac{15}{8}}{\frac{5}{4}} = \frac{15}{8} : \frac{5}{4} = \frac{15}{8}\cdot\frac{4}{5} = \frac{3}{2}$

a) $\dfrac{\frac{5}{2}-\frac{3}{4}}{\frac{1}{2}\cdot\frac{3}{4}}$

b) $\dfrac{2\cdot\frac{1}{4}}{\frac{3}{2}+\frac{3}{7}}$

55 **Überlege dir zuerst, in welcher Reihenfolge du vorgehen musst, und berechne dann die Terme.**

a) $\left(\frac{1}{4}\right)^2\cdot\left(\frac{2}{5}+\frac{6}{5}\right)$

b) $2\frac{1}{4}+\frac{1}{2}\cdot\left(\frac{3}{2}\right)^2$

c) $\frac{5}{3}\cdot\left(\frac{14}{5}-\left(\frac{1}{4}+2\right)\right)$

d) $3\frac{1}{2}-\left(\frac{5}{3}+\frac{7}{6}\right)\cdot\left(\frac{1}{2}\right)^3$

Dezimalzahlen

Eine Bruchzahl kann man nicht nur als Bruch, sondern auch als Dezimalzahl schreiben.

Beispiel: $\frac{1}{2} = 0{,}5$; $\frac{1}{10} = 0{,}1$; $\frac{1}{20} = 0{,}05$

Die Zahlen nach dem Komma heißen Nachkommastellen oder **Dezimalen**.

56 Welche Zahlen sind auf der Zahlengeraden blau markiert?

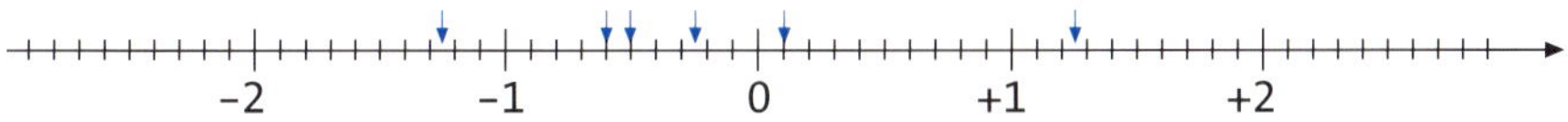

57 Schreibe jede der Dezimalzahlen als Bruch. Wandle sie zuerst in einen Zehnerbruch um und kürze falls möglich.

Beispiel: $1{,}24 = \frac{124}{100} = \frac{62}{50} = \frac{31}{25}$

a) 0,7 **b)** 0,35 **c)** 1,3 **d)** 0,09 **e)** 1,8

58 Schreibe jeden der Brüche als Dezimalzahl. Einige Aufgaben haben periodische Dezimalzahlen als Lösung.

a) $\frac{1}{10}$ **b)** $\frac{1025}{1000}$ **c)** $\frac{3}{8}$ **d)** $\frac{177}{80}$ **e)** $\frac{121}{4}$

f) $\frac{20}{9}$ **g)** $\frac{58}{10}$ **h)** $\frac{3}{11}$ **i)** $\frac{1}{20}$ **j)** $\frac{13}{16}$

59 Wandle die Brüche und Dezimalzahlen in die jeweils andere Schreibweise um.

Ein Kocher kann mit 1,8 = ____ Litern Brennstoff betankt werden und brennt für $1\frac{1}{2}$ = ____ Stunden. Pro Minute benötigt er rund $\frac{1}{50}$ = ____ Liter. Sein Gewicht beträgt leer 1,2 = ____ kg und voll betankt 2,75 = ____ kg.

Schriftliches Addieren und Subtrahieren von Dezimalzahlen

Bei der schriftlichen **Addition** und **Subtraktion** schreibt man die Zahlen stellenweise untereinander, so dass Komma unter Komma steht. Auch das Komma im Ergebnis steht unter den anderen. Dann wird wie gewohnt von rechts beginnend stellenweise addiert bzw. subtrahiert.

Beispiel:

```
  0,123
+ 2,367
-------
  2,490
```

60 Fülle die Lücken in den schriftlichen Rechnungen und ergänze die Ergebnisse.

a)
```
  4,32
 +2,98
 -----
  7,__
```
4,32 + 2,98 = ________

b)
```
  7,247
 -6,382
 ------
  _,__5
```
7,247 − 6,382 = ________

c)
```
  12,__
 + 0,82
 ------
  __,__
```
12,3 + 0,82 = ________

d)
```
  _,___
 -2,435
 ------
  _,___
```
4,3 − 2,435 = ________

61 Hans führt eine Woche lang Buch über seine Einnahmen und seine Ausgaben. Ist er in dieser Woche reicher oder ärmer geworden? Zu Wochenbeginn hatte er 10,50 €. Wie viel Geld hat er am Ende der Woche?

Einnahmen	Ausgaben
5,00 € Taschengeld	2,30 € Computerzeitschrift
1,50 € abgegebene Pfandflaschen	3,75 € Süßkram vom Bäcker
5,20 € Annas Schulden-rückzahlung	2,99 € Geschenk für Salih
	1,79 € Schlüsselanhänger

Schriftliches Multiplizieren und Dividieren von Dezimalzahlen

Bei der schriftlichen **Multiplikation** rechnet man zunächst ohne Komma. Das Ergebnis erhält so viele Dezimalen wie beide Faktoren zusammen.

Beispiel: 2,23 · 3,8: Rechnen ohne Komma: 223 · 38 = 8474
2,23 und 3,8 haben insgesamt 3 Dezimalen, also ist: 2,23 · 3,8 = 8,474

Bei der **Division** einer Dezimalzahl durch eine andere wird in beiden Zahlen das Komma so weit um dieselbe Anzahl von Stellen nach rechts verschoben, bis der Divisor eine natürliche Zahl ist.

Beispiel: 1,053 : 0,06 = 105,3 : 6

Dann wird wie gewohnt schriftlich dividiert.

62 **Rechne schriftlich in deinem Übungsheft.**

a) 4,3 · 9,1
b) 10,3 · 3,24
c) 7,05 · 0,055

63 **Verschiebe zuerst das Komma so weit, dass der Divisor eine natürliche Zahl ist. Dividiere schriftlich und gib das Ergebnis an. Um wie viele Stellen hast du das Komma verschoben?**

Aufgabe	Rechnung	Ergebnis	Verschiebung
8,4 : 1,6	= 84 : 16	= 5,25	um 1 Stelle
16 : 2,5			
0,1705 : 5,5			
1,83 : 0,12			
9,72 : 2,025			

Terme mit rationalen Zahlen

Die Menge der **rationalen Zahlen** enthält alle Zahlen, die man als Bruch schreiben kann (dazu gehören auch die ganzen Zahlen). Für rationale Zahlen gelten dieselben Rechenregeln, die du schon für ganze Zahlen kennst. (Sieh sie dir auf den Seiten 11 bis 14 und 16 noch einmal an.)

64 Welche der folgenden Terme haben den gleichen Wert? Berechne sie.

a) $4 \cdot 25 + 3 \cdot 4 - 10^2$

b) $-[-4 \cdot 25 + 3 \cdot (-4) + (-10)^2]$

c) $2 + \left[\left(\frac{1}{2} + \frac{1}{4}\right) \cdot (-2) + 11\frac{1}{2}\right]$

d) $\frac{3}{8} \cdot 24 \cdot (10 - 1) - 3 \cdot 13$

e) $5 \cdot 0{,}25 - 0{,}75 \cdot (-1) - (328 - 298) : (-3)$

f) $1 - 0{,}5 \cdot [-10 + (-3) \cdot (3 - 5)^2]$

65 Setze in jeden der gegebenen Terme für die Variable x nacheinander die Zahlen aus der ersten Spalte ein und berechne die Werte der Terme.

x	$x - 2$	$-7 \cdot x$	$2 \cdot x - 3 \cdot x$	$-1 \cdot x + x$
1	$1 - 2 = -1$	$-7 \cdot 1 = -7$		
−1				
$\frac{1}{2}$				
−0,3				
$-\frac{1}{3}$				
−7				
0				
0,1				

6.–7. KLASSE

Potenzen und Quadratwurzeln

Eine Multiplikation gleicher Faktoren kann als **Potenz** geschrieben werden:

$$\underbrace{a \cdot a \cdot a \cdot \ldots \cdot a}_{\text{n-mal der Faktor a}} = a^n$$

Dabei heißt a die **Basis** und n der **Exponent**.

Ist die Basis positiv, ist auch jede Potenz positiv; ist die Basis negativ, so ist jede Potenz mit geradem Exponenten positiv und jede Potenz mit ungeradem Exponenten negativ.

Die **Quadratwurzel** $\sqrt{a}$ einer positiven Zahl a ist diejenige Zahl, die mit sich selbst multipliziert a ergibt:

$$\sqrt{a} \cdot \sqrt{a} = (\sqrt{a})^2 = a$$

66 Gib jeweils den Wert der Potenz an.

a) $(-6)^3$ b) $\left(-\frac{4}{13}\right)^2$ c) $(-0{,}7)^3$ d) $\left(-1\frac{3}{7}\right)^3$

e) 17^2 f) 170^2 g) $1{,}7^2$ h) $0{,}17^2$

67 Gib jeweils den Wert der Quadratwurzel an.

a) $\sqrt{81}$ b) $\sqrt{225}$ c) $\sqrt{3600}$ d) $\sqrt{1{,}96}$

e) $\sqrt{1\,960\,000}$ f) $\sqrt{2{,}89}$ g) $\sqrt{0{,}000\,289}$ h) $\sqrt{\frac{625}{169}}$

68 Welches Volumen hat ein Würfel mit der Kantenlänge 5 cm?

69 Wie lang ist eine Seite eines Quadrats mit 225 m² Flächeninhalt?

Terme mit Variablen – Ausklammern und Ausmultiplizieren

Für das Multiplizieren einer Summe oder einer Differenz mit einem Faktor gilt das **Distributivgesetz.**

Beispiel: $3 \cdot (2a + 5x) = 3 \cdot 2a + 3 \cdot 5x = 6a + 15x$

Ist eine Zahl oder Variable in jedem Glied der Summe (Differenz) enthalten, kann man sie **ausklammern.**

Beispiel: $12ab + 8b^2 = 4b \cdot 3a + 4b \cdot 2b = 4b(3a + 2b)$

Potenzen mit gleicher Basis und gleichem Exponenten kann man zusammenfassen.

Beispiel: $(2x + 4)(x^2 - 3x) = 2x^3 + 4x^2 - 6x^2 - 12x = 2x^3 - 2x^2 - 12x$

70 Multipliziere aus und fasse zusammen.

a) $12a - 2 \cdot (4b + 5a) + 9b - 2a$

b) $(8x - 15y) \cdot 5 - 12 \cdot (9y + 4x) + 92y$

c) $20x - 9y - (-5x - 3y) \cdot (-2)$

d) $4 \cdot (8y - 5x) + 6 \cdot (8y - 3x)$

e) $6 \cdot (12x - 7y) - 4x + 7y(-13x) - (7 - 5y)$

f) $(35ab - [33a - (19b - 37ab) - 51] - 48b)$

g) $-[-27x - 7 \cdot (12 + 17y) - 5 \cdot (-25x + 18) - 9y]$

h) $\left(-\frac{3}{5}x + \frac{4}{9}y\right) \cdot \frac{5}{9} - \left(\frac{4}{5}x - \frac{1}{9}y\right)$

71 Klammere jeweils den angegebenen Faktor aus:

a) Faktor $-6x$: $-18x^2y - 30x^3z$

b) Faktor $9a$: $45a^3b - 36ab^2$

c) Faktor uv: $24u^2v - 8uv^2$

d) Faktor $-4cd$: $-28cd + 16c^2d$

e) Faktor x^2y: $11x^2y - 19x^2y^2$

72 Klammere alle gemeinsamen Faktoren aus.

a) $-36a^2b^3 + 81ab^2$

b) $135v^2w^2 - 45vw^2$

c) $12ef^2 + 20e^2f - 24ef$

d) $-16a^2b^3c^2 - 40a^3b^2c^2 + 56a^2b^2c^3$

7.–8. KLASSE

Multiplizieren von Summen – binomische Formeln

Man multipliziert zwei Summen oder Differenzen miteinander, indem man jedes Glied der ersten Klammer mit jedem Glied der zweiten Klammer multipliziert, z. B.:

$$(4 + a)(3 - b) = [4 \cdot 3] + [4 \cdot (-b)] + [a \cdot 3] + [a \cdot (-b)] = 12 - 4b + 3a - ab$$

Spezialfälle der Multiplikation von Summen und Differenzen sind:

1. binomische Formel: $(a + b)^2 = a^2 + 2ab + b^2$

2. binomische Formel: $(a - b)^2 = a^2 - 2ab + b^2$

3. binomische Formel: $(a + b)(a - b) = a^2 - b^2$

73 Multipliziere aus und fasse so weit wie möglich zusammen.

a) $(4a + 3b)(5 + 2b)$

b) $(7x - 3y)\left(\frac{4}{7}y - 2x\right)$

c) $(24u - 5{,}6r)(-0{,}4u + 12r)$

d) $\left(\frac{3}{4}m - \frac{2}{3}n\right)\left(\frac{2}{6}m - \frac{4}{8}n\right)$

e) $(6a^2b - 12ab^2)(-3b^2a - 2ba^2)$

f) $(3f + 15g + 6h)(2f - 7g - 5h)$

74 Berechne mithilfe der binomischen Formeln.

a) $(3x + 7)^2$

b) $(4a - 5b)^2$

c) $(6c + 4d)(6c - 4d)$

d) $(-4w - 3u)^2$

e) $\left(\frac{1}{4}z - a\right)\left(\frac{1}{4}z + a\right)$

f) $\left(\frac{4}{5} - \frac{3}{4}q\right)\left(\frac{4}{5} + \frac{3}{4}q\right)$

75 Löse die Klammern auf und fasse so weit wie möglich zusammen. Schreibe in dein Übungsheft.

a) $(5n - 3m)^2 + 4 \cdot (4m + 2n)^2$

b) $(13v - 6w)^2 + 7v(9 - 8w)$

c) $(5x + 7y)^2 + (2y - 3x)(7x + 2y) - (6x + 3y)^2$

d) $5 \cdot [3a^2 - (2b - 6a)^2] - 12a \cdot 5b$

e) $[-6 \cdot (3m - 15n)]^2 - (5m - 3)(5m + 3)$

f) $(a - 5b)^2 - [2 \cdot (a + 5b)^2 - (6a - 4b)(6a + 4b)]$

1.3 Reelle Zahlen

Rechnen mit Quadratwurzeln

Für das Rechnen mit Wurzeln gelten:

- die **Summenregel:** $\sqrt{a} + \sqrt{a} = 2\sqrt{a}$, es ist also: $3\sqrt{2} + 4\sqrt{2} = 7\sqrt{2}$
- die **Produktregel:** $\sqrt{a} \cdot \sqrt{b} = \sqrt{ab}$, es ist also: $\sqrt{2} \cdot \sqrt{8} = \sqrt{16} = 4$
- die **Quotientenregel:** $\frac{\sqrt{a}}{\sqrt{b}} = \sqrt{\frac{a}{b}}$, es ist also: $\frac{\sqrt{2}}{\sqrt{6}} = \sqrt{\frac{2}{6}} = \sqrt{\frac{1}{3}}$

76 Berechne.

a) $\sqrt{3^2}$

b) $\sqrt{(-3)^2}$

c) $\sqrt{-3^2}$

d) $\sqrt{16} - \sqrt{9}$

e) $\sqrt{16+9}$

f) $\sqrt{16} \cdot \sqrt{9}$

g) $\frac{\sqrt{16}}{\sqrt{9}}$

h) $\sqrt{\frac{13}{225}} \cdot \sqrt{\frac{15}{195}}$

i) $\sqrt{\frac{32a^2b}{8b^3}}$ mit $b > 0$

j) $\sqrt{49x - 49y}$ mit $x \geq y$

k) $\sqrt{2xy} \cdot \sqrt{8xy}$ mit $x, y \geq 0$

l) $8 \cdot \sqrt{27} + 5 \cdot \sqrt{3}$

77 Erweitere die Brüche, um die Wurzel aus dem Nenner zu bekommen. Es gelte jeweils x > 0.

Beispiel: $\frac{3}{5 \cdot \sqrt{7}} = \frac{3}{5 \cdot \sqrt{7}} \cdot \frac{\sqrt{7}}{\sqrt{7}} = \frac{3 \cdot \sqrt{7}}{5 \cdot 7} = \frac{3 \cdot \sqrt{7}}{35}$

a) $\frac{7}{\sqrt{13} \cdot 5}$

b) $\frac{12x}{\sqrt{x} \cdot 7}$

c) $\frac{132x}{\sqrt{12x}}$

d) $\frac{\sqrt{3x}+1}{\sqrt{7x}}$

e) $\sqrt{\frac{2}{3x}}$

f) $\frac{5}{\sqrt{x}-5}$ mit $\sqrt{x} > 5$

78 Fasse so weit wie möglich zusammen.

a) $3\sqrt{11} - 11 - 5\sqrt{11} + 5 + 3\sqrt{11}$

b) $2\sqrt{3} - 11\sqrt{2} - 5\sqrt{2} + 5 + 3\sqrt{3}$

c) $17\sqrt{x} - 17 + \sqrt{x} - 18\sqrt{x} + 17$ mit $x > 0$

Potenzgesetze

Für das Rechnen mit Potenzen gelten folgende Regeln:

Werden zwei Potenzen **gleicher Basis** multipliziert (dividiert), werden die Exponenten addiert (subtrahiert):

$a^m \cdot a^n = a^{m+n}$; $a^m : a^n = a^{m-n}$

Werden zwei Potenzen **unterschiedlicher Basis,** aber mit **gleichem Exponenten** multipliziert (dividiert), werden die Basen multipliziert (dividiert) und der Exponent übernommen:

$a^n \cdot b^n = (a \cdot b)^n$; $a^n : b^n = (a : b)^n$

Wird eine Potenz nochmals potenziert, werden die Exponenten multipliziert:

$(a^m)^n = a^{m \cdot n} = (a^n)^m$

Die Potenz eines Bruchs mit dem Exponenten n ist gleich der Potenz des Kehrwerts dieses Bruchs mit dem Exponenten –n:

$\left(\frac{a}{b}\right)^n = \left(\frac{b}{a}\right)^{-n}$

79 Fasse die Terme mithilfe der Potenzschreibweise zusammen.

a) $4xyxxyyx$

b) $-4x \cdot 5xz \cdot (-2xy)$

c) $-16 \cdot a^2 \cdot 4ab^2 \cdot (-2)a$

d) $10 \cdot b^5 \cdot (-b)^3$

80 Berechne.

a) $2^4 + 3^2 \cdot 3^3 + 1$

b) $4^3 \cdot 5^3 - (5^3 + 3 \cdot 5^2)$

c) $(5^6)^{\frac{1}{3}}$

d) $(2^2)^4$

e) $12^2 : (6^4 : 6^2) - 4$

f) $(12^5)^0$

g) $\left(\frac{3}{5}\right)^{-2}$

h) $\left(\frac{1}{10}\right)^{-3}$

i) $\left(\frac{1}{2}\right)^{-5}$

81 Vereinfache die Terme.

a) $15^n : 5^n$

b) $(2^n \cdot 5^n) : 10^m$

c) $3^{n+1} \cdot 4^{n+1}$

d) $8^{-4} \cdot \left(\frac{1}{8}\right)^4$

e) $\left(\frac{2}{3}\right)^2 \cdot \left(\frac{3}{2}\right)^{-4}$

f) $\frac{2 \cdot 3^7 - 3^8}{3^8 \cdot 2^6}$

Wurzelterme

Entsprechend der Potenzgesetze gilt:

$\sqrt[n]{a} \cdot \sqrt[n]{b} = \sqrt[n]{a \cdot b}$ und $\sqrt[n]{a} : \sqrt[n]{b} = \sqrt[n]{a : b}$

Beispiel: $\sqrt[3]{2} \cdot \sqrt[3]{4} = \sqrt[3]{2 \cdot 4} = \sqrt[3]{8} = 2$

$(\sqrt[n]{a})^m = \sqrt[n]{a^m}$ und $\sqrt[m]{\sqrt[n]{a}} = \sqrt[n]{\sqrt[m]{a}} = \sqrt[m \cdot n]{a}$

Beispiel: $(\sqrt[3]{2})^4 = \sqrt[3]{2^4} = \sqrt[3]{16}$ und $\sqrt[3]{\sqrt[2]{20}} = \sqrt[3 \cdot 2]{20} = \sqrt[6]{20}$

Wurzeln lassen sich auch als Potenzen schreiben: die n-te Wurzel aus a ist gleich $a^{\frac{1}{n}}$:

$\sqrt[n]{a} = a^{\frac{1}{n}}$; $\sqrt[n]{a^m} = a^{\frac{m}{n}}$

Beispiel: $\sqrt{2^3} = 2^{\frac{3}{2}}$

82 Forme in die Potenzschreibweise bzw. Wurzelschreibweise um.

a) $\sqrt{17}$

b) $x^{\frac{1}{3}} + y^{\frac{4}{5}}$

c) $(x + 5y)^{\frac{2}{7}}$

d) $(x + 5y)^{\frac{-2}{7}}$

e) $\sqrt[4]{(3 - d)^5}$

f) $\sqrt[3n]{b^{4m}}$

83 Forme mithilfe der Wurzelgesetze um und berechne.

a) $\sqrt{2} \cdot \sqrt{8}$

b) $\sqrt{\frac{9}{25}}$

c) $\sqrt{0{,}0004}$

d) $\frac{\sqrt{75}}{\sqrt{3}}$

e) $(\sqrt{2})^6$

f) $(\sqrt[4]{2})^8$

g) $\sqrt[3]{\sqrt[2]{15\,625}}$

h) $\sqrt[5]{8} \cdot \sqrt[5]{2} \cdot \sqrt[5]{64}$

84 Vereinfache die Wurzelterme so weit wie möglich. Gib den Definitionsbereich an.

a) $\sqrt{x}(\sqrt{x} - 1)$

b) $(\sqrt{x} - 2\sqrt{y})^2$

c) $\sqrt{1 - \sqrt{a}} \cdot \sqrt{1 + \sqrt{a}}$

d) $\sqrt[6]{x^5y^3z} \cdot \sqrt[6]{x^7y^3z^5}$

Logarithmen

Der **Logarithmus** x von c zur Basis a ist derjenige Exponent, mit dem man a potenzieren muss, um c zu erhalten. $a^x = c$ ist gleichbedeutend mit $x = \log_a c$ ($a \in \mathbb{R}$; $a > 0$; $c > 0$)

Beispiel: $2^x = 64$, folglich ist $x = \log_2 64 = 6$, denn $2^6 = 64$

Es gilt:

$\log_a(u \cdot v) = \log_a u + \log_a v$ $\qquad$ $\log_a(\frac{u}{v}) = \log_a u - \log_a v$

$\log_a(u^v) = v \cdot \log_a u$ $\qquad$ $\log_a \sqrt[n]{u} = \frac{1}{n}\log_a u$

85 Schreibe als Logarithmus und bestimme anschließend die Exponenten.

Beispiel:

$2^x = 32$, folglich ist $x = \log_2 32 = \log_2(2^5) = 5$, denn $2^5 = 32$

a) $3^x = 9$ $\qquad$ b) $10^x = 100\,000$

c) $2^x = 128$ $\qquad$ d) $6^x = 216$

e) $5^x = 125$ $\qquad$ f) $4^x = 256$

g) $3^x = 81$ $\qquad$ h) $7^x = 49$

i) $8^x = 512$ $\qquad$ j) $2^x = 1024$

86 Mithilfe der Tatsache, dass $\log_{10} 2 \approx 0{,}301$ gilt und mithilfe der Rechenregeln für Logarithmen lassen sich die folgenden Aufgaben auch ohne Taschenrechner lösen.

Beispiel:

$\log_{10} 200 = \log_{10}(2 \cdot 100) = \log_{10} 2 + \log_{10} 100 \approx 0{,}301 + 2 = 2{,}301$

a) $\log_{10} 20$ = ____________________

b) $\log_{10} 5 = \log_{10}(\frac{10}{2}) = \log_{10} 10 -$ __________ = __________

c) $\log_{10} 8 = \log_{10}(2^3) = 3 \log_{10} 2 =$ ____________________

d) $\log_{10} 16$ = ____________________

e) $\log_{10} 50$ = ____________________

f) $\log_{10} 0{,}002$ = ____________________

1.4 Rechnen mit Größen

Rechnen mit Größen

Umrechnen von

- **Gewichtseinheiten:** 1 t = 1000 kg; 1 kg = 1000 g; 1 g = 1000 mg
- **Längeneinheiten:** 1 km = 1000 m; 1 m = 10 dm; 1 dm = 10 cm; 1 cm = 10 mm
- **Flächeneinheiten:** 1 km^2 = 100 ha; 1 ha = 100 a; 1 a = 100 m^2; 1 m^2 = 100 dm^2; 1 dm^2 = 100 cm^2; 1 cm^2 = 100 mm^2
- **Volumeneinheiten:** 1 m^3 = 1000 dm^3 = 1000 Liter; 1 dm^3 = 1 Liter = 1000 cm^3; 1 cm^3 = 1 ml = 1000 mm^3
- **Zeiteinheiten:** 1 d = 24 h; 1 h = 60 min; 1 min = 60 s
- **Währungseinheiten:** 1 € = 100 ct

87 Ordne die folgenden Geldbeträge der Größe nach.

0,75 € 123 ct 23 € 10 ct 10,23 € 10 € 3 ct 1230 ct

88 Addiere bzw. subtrahiere die Geldbeträge und gib das Ergebnis in Euro an.

a) 3,45 € + 32,24 €

b) 7,60 € + 122 ct

c) 23,81 € + 40,31 € + 6,44 €

d) 139,40 € + 55 € + 799 ct

e) 6 € 67 ct + 5,01 € + 9 € 22 ct

f) 45,12 € – 12,67 € – 25,99 €

g) 8903,42 € – 3412 € – 29,77 € – 199 €

89 Multipliziere.

a) 5 · 6,1 kg

b) 2 · 3,4 g

c) 7 · 1,95 t

d) 8 · 0,9 g

e) 15 · 5,7 g

f) 25 · 1,3 t

90 **Herr Unger geht einkaufen. Beim Metzger kauft er 760 g Schweinefleisch. Im Supermarkt besorgt er 3 Dosen Ananas mit je 560,8 g; ein Stück Käse zu 282 g sowie 2,78 kg Kartoffeln. Beim Bäcker kauft er noch ein 1,5 kg schweres Brot. Wie schwer ist jetzt sein Einkaufskorb, wenn dieser ohne Inhalt 580 g wiegt?**

91 **Rechne in die angegebene Einheit um.**

a) 14 h = ________ min

b) 50 min = ________ s

c) 240 s = ________ min

d) 7 d = ________ h

e) 2880 min = ________ d

f) 21 600 s = ________ h

92 **Addiere bzw. subtrahiere die Zeitangaben und gib das Ergebnis in einer sinnvollen Einheit an.**

a) 3 h + 7,5 h + 22 h

b) 20 h + 1 d 18 h + 6,5 d – 30 h

c) 2 h 45 min + 5 h + 12 h 15 min – 8 h 30 min

d) 2 d 15 h 13 min – 36 h 12 min + 3 d 30 min

e) 4 d 11 h – 19 h – 6 h + 1 d 9 h

f) 2 Wochen + 5 d + 12 h + 360 min

93 **Rechne in die vorgegebene Volumeneinheit um.**

a) 401 m^3 = ________ dm^3

b) 560 000 ml = ________ l

c) 90 cm^3 = ________ mm^3

d) 479 ml = ________ cm^3

e) 58 000 000 mm^3 = ________ l

f) 7611 dm^3 = ________ cm^3

94 **Bestimme die fehlende Einheit.**

a) 650 dm^2 = 65 000 ____

b) 9,5 km = 9500 ____

c) 123 dm^3 = 123 000 000 ____

d) 4 500 000 a = 450 ____

e) 1050 cm = 10,5 ____

f) 37,58 ha = 375 800 ____

95 **Herr Weber kauft ein Grundstück mit einer Fläche von 6 a und 87 m^2. Wie viele Quadratmeter sind das? Für jeden Quadratmeter muss er 215 € bezahlen. Wie teuer ist das Grundstück?**

96 **Berechne immer die fehlende Größe.**

a) 86 cm – 81 mm = ________ mm

b) ________ km – 7650 m = 4350 m

c) 78 m^2 + ________ cm^2 = 100 m^2

d) 400 a + 70 000 000 m^2 = ________ ha

e) 600 cm^3 + ________ ml = 1,1 l

f) ________ cm^3 – 8790 mm^3 = 41,29 cm^3

2 Dreisatz, Prozent- und Zinsrechnung

2.1 Dreisatz

Dreisatz

Aufgaben, in denen es um **direkt proportionale** oder **indirekt proportionale** Zuordnung von Größen geht, lassen sich mithilfe der **Dreisatzrechnung** lösen.
Überlege dir, was mit der zweiten Größe geschieht, wenn du die erste verdoppelst: Verdoppelt sie sich auch – dann handelt es sich um eine direkt proportionale Zuordnung – oder halbiert sie sich – dann handelt es sich um eine indirekt proportionale Zuordnung.

Beispiel:
Wenn du statt 4 Brötchen 8 nimmst, wird der Preis doppelt so hoch (direkt proportional).
Wenn statt 2 nun 4 Maler am Werk sind, brauchen sie nur halb so lang (indirekt proportional).

1 **Entscheide jeweils, ob es sich um eine direkt proportionale Zuordnung (D) oder um eine indirekt proportionale Zuordnung (I) handelt. Kreuze an:**

a) Christina will für ihre Party Luftballons kaufen. 50 Stück kosten 2,50 €; sie benötigt insgesamt 150. Wie viel muss sie bezahlen? ☐ D ☐ I

b) Wolfgang muss sein Mofa auftanken. 3 Liter haben letztes Mal 3,45 € gekostet. Wie viel muss er für 5 Liter bezahlen, wenn der Benzinpreis gleich geblieben ist? ☐ D ☐ I

c) Uli fährt mit dem Rad zur Schule. Wenn er 20 km/h schnell fährt, braucht er 10 Minuten. Heute hat er verschlafen und muss sich deshalb beeilen, er fährt mit 25 km/h. Wie lange braucht er? ☐ D ☐ I

d) Zwei Maler benötigen für den Anstrich einer Wand 6 Stunden. Wie lange brauchen drei Maler? D I
e) Vier Brötchen kosten 1 €, wie viel kosten sieben Brötchen? D I
f) Die Katze Maggie frisst normalerweise 1,5 Schälchen Katzenfutter am Tag. Ihr Herrchen hat genug für 6 Tage eingekauft. Da sie sich aber einen Winterspeck anfuttert, braucht sie momentan 2 Schälchen am Tag. Wie lange reicht das Katzenfutter nun? D I

2 Berechne die Beispiele aus Übung 1.

a) Schreibe neben die Zuordnungen, was jeweils gerechnet wird:

	150 Ballons	→	x €	
	50 Ballons	→	2,50 €	: 50
___	1 Ballon	→	0,05 €	
___	150 Ballons	→	7,50 €	___

b) Berechne nun, wie viel Wolfgang für 5 Liter Benzin bezahlt:

	5 Liter	→	x €	
	3 Liter	→	___ €	
___	___ Liter	→	___ €	___
___	___ Liter	→	___ €	___

c) Schreibe neben die Zuordnungen, was jeweils gerechnet wird:

	25 km/h	→	x min	
	20 km/h	→	10 min	
___	1 km/h	→	200 min	___
___	25 km/h	→	8 min	___

d) Berechne, wie lange drei Maler für den Anstrich einer Wand brauchen:

	___ Maler	→	___ h	
	___ Maler	→	___ h	
___	___ Maler	→	___ h	___
___	___ Maler	→	___ h	___

Berechne nun e) und f) selbständig in deinem Heft.

3 **Monika muss mit ihrem Mofa zum Tanken fahren. Für 6,60 € hat sie letztes Mal 6 Liter bekommen. Jetzt kostet ein Liter Benzin 1,15 €. Wie viel muss sie nun für 6 Liter bezahlen?**

4 **Katja schreibt als freie Mitarbeiterin für die Lokalzeitung, ihr Honorar wird nach Anzahl der Zeilen berechnet. Für ihren letzten Bericht über die Aufführung der Theater-AG ihrer Schule mit 95 Zeilen erhielt sie 20,90 €.**

a) Welches Honorar bekommt Katja für den Artikel über das Sommerfest im Tierheim, über das sie 75 Zeilen schreibt?

b) Für den Bericht über die Jahreshauptversammlung des Hallen-Halma-Vereins erhielt Katja 12,10 €. Wie lang war der Bericht?

c) Zu Beginn ihrer journalistischen Karriere bekam Katja für einen 40-zeiligen Artikel ein Honorar von 6,80 €. Wie viel hätte sie damals für den Artikel über die Jahreshauptversammlung bekommen?

2.2 Prozentrechnung

Prozentbegriff

Prozent bedeutet „von 100". Es gilt: $p\,\% = \frac{p}{100}$

Beispiel: Ein Prozent ist $\frac{1}{100}$ von einem Ganzen, fünf Prozent sind $\frac{5}{100}$ vom Ganzen: 5 % von 700 € sind $\frac{5}{100}$ von 700 €, also $\frac{5}{100} \cdot 700\,€ = 35\,€$.

5 Berechne und gib das Ergebnis in Prozentschreibweise an.

a) $\frac{43}{100} =$ ________ %

b) $\frac{13}{50} = \frac{\quad}{100} =$ ________ %

c) $\frac{8}{20} = \frac{\quad}{100} =$ ________ %

d) $\frac{45}{60} = \frac{\quad}{4} = \frac{\quad}{100} =$ ________ %

6 Schreibe die Prozentzahl als Bruch und gib das Ergebnis als Dezimalzahl an.

a) 7 % $= \frac{\quad}{100} = 0{,}07$

b) 23 % $= \frac{\quad}{100} =$ ________

c) 44 % $= \frac{\quad}{100} =$ ________

d) 115 % = —— = ________

7 Gib die Anteile als Bruchzahl und in Prozentschreibweise an.

a) 8 von 10 sind $\frac{8}{10} = \frac{\quad}{100} =$ ________ %

b) 19 von 20 sind $\frac{\quad}{20} = \frac{\quad}{100} =$ ________ %

c) 50 von 250 sind —— = —— = ________ %

d) 60 von 3000 sind —— = —— = ________ %

Prozentrechnung

Der **Grundwert** G entspricht 100 %. Der **Prozentwert** W gibt an, um wie viel vom Grundwert es geht. Der **Prozentsatz** p % gibt an, wie groß der Anteil dieser Zahl am Grundwert ist.

Beispiel: 18 von 30 Schülern, also 60 %, malen gern:
$G = 30, W = 18, p = 60, p\,\% = 60\,\%$.

Berechnen des Prozentsatzes: $p\,\% = \frac{W}{G}$ oder $\frac{p}{100} = \frac{W}{G}$

Berechnen des Prozentwertes: $W = p\,\% \cdot G$ oder $W = \frac{p \cdot G}{100}$

Berechnung des Grundwertes: $G = \frac{W}{p\,\%}$ oder $G = \frac{W \cdot 100}{p}$

8 Berechne den Prozentsatz in deinem Übungsheft. Verwende die entsprechende Formel.

a) $W = 24; G = 200$
b) $W = 60; G = 1500$
c) $W = 396; G = 720$
d) $W = 559; G = 860$
e) $W = 61{,}2; G = 72$
f) $W = 12; G = 250$

9 Berechne den Prozentwert in deinem Übungsheft. Verwende die entsprechende Formel.

a) $p\,\% = 5\,\%; G = 600$
b) $p\,\% = 13\,\%; G = 300$
c) $p\,\% = 28\,\%; G = 1100$
d) $p\,\% = 14\,\%; G = 875$
e) $p\,\% = 2{,}5\,\%; G = 400$
f) $p\,\% = 0{,}9\,\%; G = 215{,}5$

10 Berechne den Grundwert in deinem Übungsheft. Verwende die entsprechende Formel.

a) $W = 154; p\,\% = 14\,\%$
b) $W = 324; p\,\% = 36\,\%$
c) $W = 162; p\,\% = 9\,\%$
d) $W = 140; p\,\% = 14\,\%$
e) $W = 140; p\,\% = 2{,}5\,\%$
f) $W = 103{,}5; p\,\% = 7{,}5\,\%$

11 **Rosels Lieblingsmüsli besteht aus 35 % Trockenfrüchten, 30 % Haferflocken, 25 % Cornflakes und 10 % Rosinen.**

a) Erstelle in deinem Übungsheft ein Kreisdiagramm mit den genannten Prozentsätzen.

b) Überlege dir, wie du die Werte in das unten abgebildete Streifendiagramm eintragen kannst.

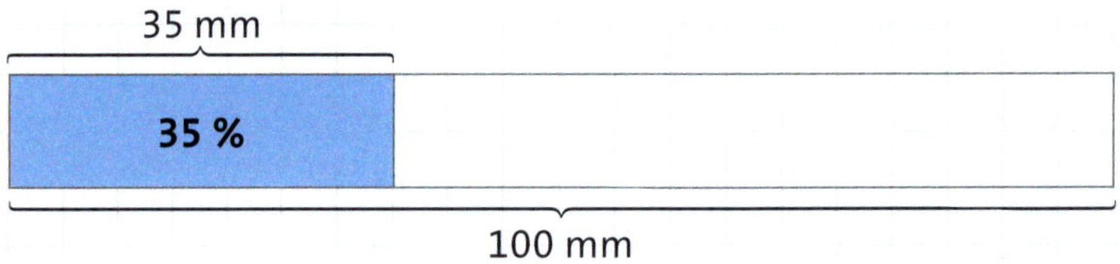

12 **Berechne mithilfe der Formeln zur Prozentrechnung.**

a) Ein Handwerker stellt eine Rechnung über 3726 € aus. Hinzu kommen 19 % Mehrwertsteuer. Wie viel Steuern sind zu zahlen?

b) Eine Krankenkasse ersetzt 72 % der Kosten einer Zahnbehandlung. Das sind 2354,40 €. Wie hoch war die Arztrechnung?

13 **Das Statistische Bundesamt hat zum Thema „Einwohner und Erwerbsbeteiligungen“ die folgende Statistik veröffentlicht:**

Einwohner und Erwerbsbeteiligung (Angaben in 1000)	
Einwohner	82464
Erwerbspersonen	42565
Erwerbslose	3893
Erwerbstätige	38672
Arbeitnehmer	34317
Selbstständige	4355
Quelle: Statistisches Bundesamt	

a) Gib den Anteil der Erwerbspersonen bezogen auf die Einwohnerzahl an.

b) Wie groß ist der Anteil der Arbeitnehmer bzw. der Selbstständigen unter den Erwerbstätigen?

c) Wie viel Prozent der Bevölkerung sind nicht erwerbstätig?

14 **Wegen eines Hagelschadens verkauft ein Autohaus einen Neuwagen mit einem Rabatt von 20 %. Er kostet jetzt nur noch 23600 €. Wie hoch war der Preis des Neuwagens vor der Preissenkung?**

15 **Was sagst du zu diesem Zeitungsartikel?**

Jeder Vierte will unsterblich sein

Einer Umfrage zufolge wollen 44 % der Deutschen nicht älter als 80 Jahre werden. Höchstens 100 Jahre wollen 18 % werden. Lediglich 4 % hätten angegeben, sie wollten unsterblich werden.

16 **Im Fahrstuhl eines Bürogebäudes befinden sich sechs Leute, das sind 50 % mehr als zugelassen. Wie viele Personen dürften eigentlich mit dem Fahrstuhl fahren?**

17 **Ein Fernseher kostet 490 €. Nach einer ersten Preissenkung um 5 % wird der ermäßigte Preis noch mal um 10 % reduziert. Um wie viel Prozent wurde der Fernseher insgesamt preiswerter?**

2.3 Zinsrechnung

Zinsen

Zinsrechnung ist eine Anwendung der Prozentrechnung mit anderen Begriffen:

Grundwert G → **Kapital K**
Prozentsatz p % → **Zinssatz p %**
Prozentwert W → **Zinsen Z**

Berechnen des Zinssatzes: $p\,\% = \frac{Z}{K}$

Berechnen der Zinsen: $Z = K \cdot p\,\% = \frac{K \cdot p}{100}$

Berechnung des Kapitals: $K = \frac{Z}{p\,\%} = \frac{Z \cdot 100}{p}$

Beispiel: Legt man ein Kapital von 1200 € bei einem Zinssatz von 3,5 % an, erhält man nach einem Jahr $Z = K \cdot p\,\% = 1200 \cdot 3{,}5\,\%$ $= \frac{1200 \cdot 3{,}5}{100} = 42$ € Zinsen.

18 **Berechne die fehlenden Angaben in deinem Übungsheft.**

Kapital K in €	600	800		7124
Zinssatz	3 %		2 %	1,5 %
Jahreszinsen in €		40	24	

19 **Michelle hat auf ihrem Sparbuch ein Guthaben von 500 €, das mit 2,5 % verzinst wird. Welche Zinsen bekommt sie in der Zeit vom 15. April bis zum 20. Oktober? (Runde!)**

Anlagezeit in Tagen: t = 15 + ______ · 30 + ______ = ______

Somit betragen die Zinsen:

$Z_t = \frac{K \cdot p \cdot t}{100 \cdot 360} = \frac{500 \cdot \_\_\_ \cdot \_\_\_}{100 \cdot 360} = \_\_\_\_$

20 Eine Firma nimmt bei der Bank ein Darlehen von 8000 € zur Renovierung einiger Büroräume auf. Der Zinssatz beträgt 6,9 %. Wie viel Zinsen muss die Firma pro Jahr an die Bank bezahlen, solange sie nichts an die Bank zurückgezahlt hat?

21 Ein Konto A mit 3,7 % Verzinsung bringt nach einem Jahr 26,64 € Zinsen. Ein Konto B, das mit 4 % verzinst wird, bringt nach einem Jahr 28,72 € Zinsen. Auf welchem Konto befand sich am Anfang des Jahres der höhere Geldbetrag?

22 Ein kleines Unternehmen möchte ein Darlehen über 20 000 € für einen Geschäftswagen aufnehmen und lässt sich von verschiedenen Banken folgende Angebote unterbreiten: Bank A: „Wir können Ihnen einen Zinssatz von 7,5 % anbieten.“ Bank B: „Bei uns zahlen Sie monatlich nur 158,34 € Zinsen.“ Welches ist das günstigere Angebot?

23 Ein Kreditinstitut wirbt: „Wir leihen Ihnen 1000 € und Sie zahlen 199 € Zinsen im ersten Jahr!“ Wie hoch ist der Zinssatz? Was hältst du von diesem Angebot?

Zinseszins

Nach einem Jahr erhöht sich das Guthaben um die Zinsen. Für die Zinsen erhält man ebenfalls wieder Zinsen, die **Zinseszinsen.**

Das Guthaben, das aus dem Kapital nach mehreren Jahren erwächst, berechnet man entweder Jahr für Jahr oder durch wiederholte Multiplikation des Kapitals mit dem Faktor $q = \left(1 + \frac{p}{100}\right)$.

Beispiel: Für zwei Jahre ergibt sich:
$K_2 = K \cdot \left(1 + \frac{p}{100}\right) \cdot \left(1 + \frac{p}{100}\right) = K \cdot \left(1 + \frac{p}{100}\right)^2$

Für n Jahre lautet die Formel: $K_n = K \cdot \left(1 + \frac{p}{100}\right)^n$

Beispiel: Ein Kapital von 2200 € ist bei einem Zinssatz von 6 % nach drei Jahren also auf $K_3 = 2200 \cdot \left(1 + \frac{6}{100}\right)^3 = 2620{,}24$ € angewachsen.

24 **Frau Sommer hat 2005 einen Betrag von 2400 € auf ihrem Sparbuch. Der Zinssatz beträgt 2,5 %. Nach einem Jahr werden die angefallenen Zinsen nicht ausbezahlt, sondern das Geld verbleibt auf dem Konto. Wie verändert sich ihr Kontostand nach einem (zwei) weiteren Jahr(en), wenn sie in der Zwischenzeit weder Geld abhebt noch einzahlt?**

	Guthaben	Zinsen	Neues Guthaben
2005	2400 €	60 €	2460 €
2006	2460 € ←		
2007			

25 **Berechne das Kapital nach 5 Jahren, wenn in dieser Zeit 3800 € mit Zinseszinsen bei einem Zinssatz von 2,78 % p.a. angelegt werden.**

26 **Berechne mithilfe des Taschenrechners und notiere deine Ergebnisse.**

	K_0	p %	n	q	K_n
a)	4700 €	4 %	5		
b)	12 000 €	5,2 %	7		
c)	3550 €	3,75 %	6		

27 **Für wie viel Jahre muss ein Kapital von 500 € angelegt werden, damit es sich bei einem Zinssatz von 4,5 % mit Zinseszinsen verdoppelt? Was passiert bei einem Anfangskapital von 2000 €, wenn sich die anderen Bedingungen nicht ändern?**

28 **Für einen Kredit sind im Jahr 12 % Zinsen zu bezahlen. Wie teuer ist ein Kredit von 15 000 €, wenn er nach**

a) 5 Monaten zurückgezahlt wird?

b) 5 Jahren zurückgezahlt wird, und zwar einschließlich der Zinsen?

29 **Vergleiche Modell I und Modell II zur Geldanlage für einen Zeitraum von drei Jahren und ein Anfangskapital von 2000 €.**

Modell I: Zinssatz 4,28 % p.a. (pro Jahr) fest in jedem Jahr.

Modell II: Zinssatz im ersten Jahr 3,75 %, im zweiten Jahr 4,25 %, im dritten Jahr 4,4 %.

30 **Auf welchen Betrag wächst ein Kapital von 12 000 € nach fünf Jahren (mit Zinseszins) bei einem Zinssatz von 3 % an? Wie viel Zinsen hätte man insgesamt erhalten, wenn man den Jahreszins jeweils am Ende des Jahres abgehoben hätte? Vergleiche.**

3

Geometrie

3.1 Grundbegriffe

Geraden

Zwei **Geraden** schneiden sich entweder in einem Punkt oder sie sind parallel zueinander. Die senkrechte Verbindung zwischen zwei Geraden heißt **Abstand.**

1 Bearbeite die folgende Aufgabe schrittweise.

a) Zeichne fünf Parallelen im Abstand von 8 mm.

b) Zeichne zwei parallele Geraden g und h im Abstand von 7 cm.

c) Zeichne zwei Geraden, die die Parallelen aus a) und b) senkrecht schneiden.

d) Zeichne drei Punkte A, B und C und verbinde sie zu einem Dreieck. Miss den Abstand der Eckpunkte zu den gegenüberliegenden Geraden.

2 Welche der Geraden sind parallel, welche senkrecht zueinander?

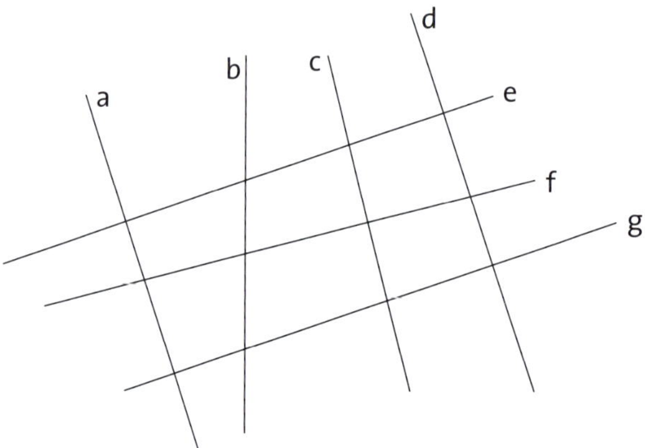

Das Koordinatensystem

Um die Lage eines Punktes zu beschreiben, verwendet man ein Koordinatensystem. Die Lage des Punktes wird durch ein Zahlenpaar (x|y) beschrieben, in dem x die **x-Koordinate** und y die **y-Koordinate** ist. Die x-Koordinate gibt die Lage des Punktes in x-Richtung, die y-Koordinate die Lage des Punktes in y-Richtung an.

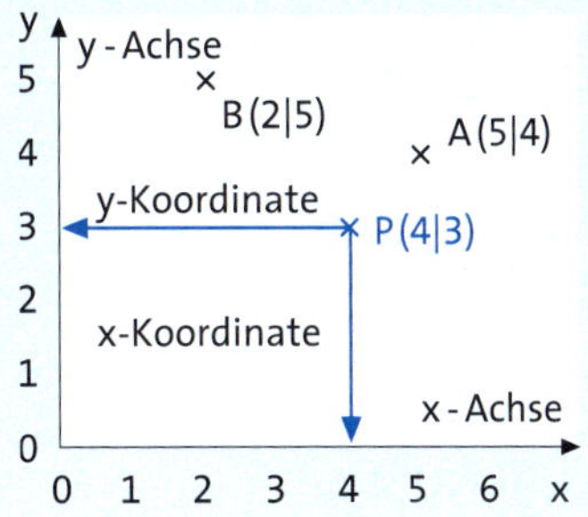

3 **Zeichne ein Koordinatensystem, in dem x- und y-Achse die Zahlen von 0 bis 13 umfassen. Zeichne die Punkte A (2|1), B (8|10) und C (3|9) ein.**

a) Verbinde die Punkte A und B zu einer Geraden. Untersuche, ob die Punkte P (6|5) und Q (4|4) ebenfalls auf dieser Geraden liegen.

b) Zeichne eine Gerade durch C, die senkrecht zur Geraden AB verläuft. Gib die Koordinaten des Schnittpunktes S der beiden Geraden an.

c) Zeichne eine Gerade durch C, die parallel zur Geraden AB verläuft. Nenne die Koordinaten zweier weiterer Punkte, die ebenfalls auf dieser Geraden liegen.

4 **Zeichne jeweils eine Gerade durch A und B. Gib dann die fehlenden Koordinaten an, sodass alle anderen Punkte auch auf der entsprechenden Geraden liegen.**

a) A (0|0); B (2|1); C (4|__); D (__|4); E (__|7); F (20|__)

b) A (1|16); B (7|4); C (3|__); D (__|2); E (__|12)

c) A (15|8); B (8|1); C (13|__); D (12|__); E (__|0); F (__|17)

Symmetrie

Eine Figur, die man längs einer Achse so falten kann, dass zwei zueinander spiegelbildliche Teile entstehen, heißt **achsensymmetrisch.**
Eine Figur, die durch Spiegelung an einem Punkt deckungsgleich auf sich selbst abgebildet werden kann, heißt **punktsymmetrisch.**
Eine Figur, die durch Drehung um einen Punkt um weniger als 360° auf sich selbst abgebildet werden kann, heißt **drehsymmetrisch.**

5 **Verkehrsschilder weisen oftmals Symmetrien auf. Sortiere die unten abgebildeten Schilder nach den folgenden Kategorien und zeichne die vorhandenen Symmetrieachsen und Symmetriezentren ein.**

Symmetrie	**Nummer der Verkehrszeichen**
nur achsensymmetrisch	
nur drehsymmetrisch	
sowohl dreh- als auch achsensymmetrisch	
keine Symmetrie	

(1) 
(2) 
(3) 
(4) 

(5) 

(6) 
(7) 
(8) 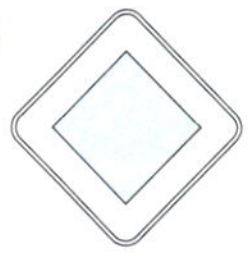

(9) 
(10) 
(11) 
(12) 

(13) 
(14) 
(15) 

Winkel

Zwei Strahlen g und h, die von einem gemeinsamen Punkt S ausgehen, bilden einen Winkel. S heißt **Scheitel(punkt),** die beiden Strahlen heißen **Schenkel** des Winkels.

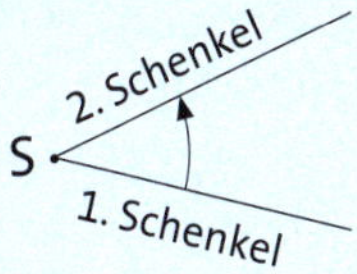

Ein Vollwinkel beträgt 360°, ein rechter Winkel beträgt 90°.

6 **Zeichne die angegebenen Winkel und beschrifte sie entsprechend. Mache dir jeweils vorher anhand einer Skizze klar, wie groß der Winkel ungefähr sein wird.**

$\sphericalangle ef = 180^\circ$	$\sphericalangle gh = 190^\circ$
$\sphericalangle ij = 185^\circ$	$\sphericalangle ABC = 122^\circ$
$\sphericalangle DEF = 270^\circ$	$\sphericalangle GHI = 355^\circ$
$\sphericalangle JKL = 360^\circ$	$\sphericalangle MNO = 0^\circ$

7 **Schätze zunächst die Größe der angegebenen Winkel. Miss sie anschließend genau und vergleiche deine Ergebnisse. Tipp: Verlängere die Schenkel zum Messen der Winkel.**

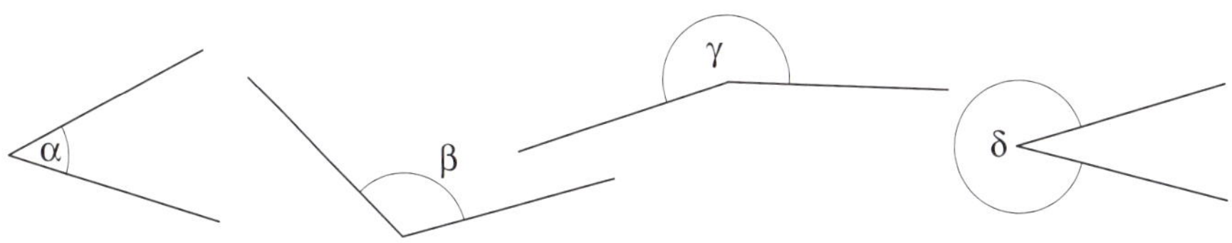

Winkel an Geraden

Scheitelwinkel sind gleich groß:

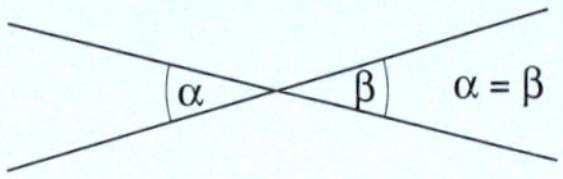

Nebenwinkel ergeben zusammen 180°:

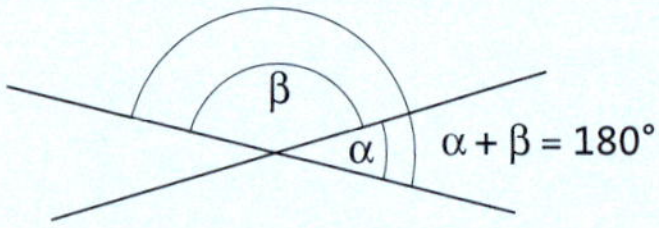

Stufenwinkel an Parallelen sind gleich groß:

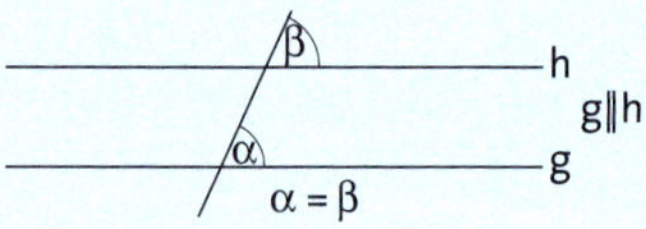

Wechselwinkel an Parallelen sind gleich groß:

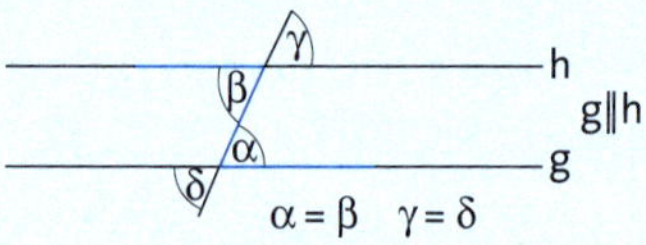

8 **Zeichne zu ε jeweils die angegebenen Winkel ein; es sind mehrere Lösungen möglich. Die Geraden g und h sind parallel.**

a) Scheitelwinkel (α)
Nebenwinkel (β)
Stufenwinkel (γ)
Wechselwinkel (δ)

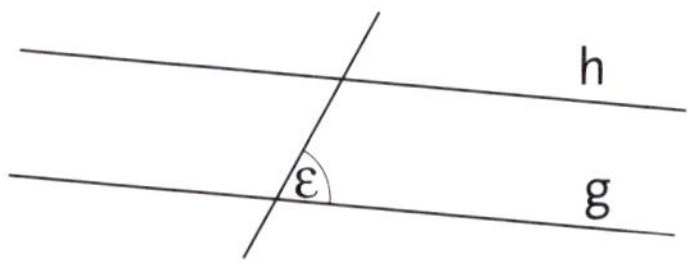

b) Welche Winkel sind gleich groß? Begründe.

9 **Wie groß sind α und β, wenn**

a) α 34° beträgt und β der Scheitelwinkel zu α ist?

b) α um 20° größer ist als sein Nebenwinkel β?

c) α um 110° größer ist als sein Nebenwinkel β?

d) α doppelt so groß ist wie sein Nebenwinkel β?

Konstruktionen mit Zirkel und Lineal

Um eine **Strecke AB zu halbieren,** zeichnet man um A und B je einen Kreis mit demselben Radius r. r muss größer sein als die halbe Streckenlänge. Beide Kreise schneiden sich in P und Q. Die Gerade durch P und Q schneidet die Strecke AB in ihrem Mittelpunkt.

Um einen **Winkel α zu halbieren,** zeichnet man einen Kreis um den Scheitelpunkt S. Der Kreis schneidet die Schenkel des Winkels in A und B. Die Mittelsenkrechte m von AB ist die Winkelhalbierende von α.

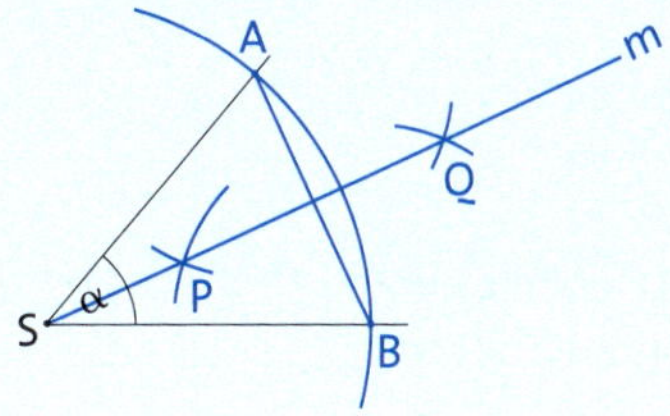

10 Löse die folgenden Konstruktionsaufgaben.
Tipp: Für die Teilaufgaben c) bis f) zeichne zuerst eine Gerade oder Halbgerade und beginne dann mit der Konstruktion des jeweiligen Winkels.

a) Zeichne eine Strecke AB und teile diese in 4 gleich lange Strecken.
b) Teile eine Strecke von 13,9 cm in 2 gleich lange Strecken.
c) Konstruiere einen rechten Winkel.
d) Konstruiere einen 45°-Winkel.
e) Konstruiere einen Winkel von 22,5°.
f) Konstruiere einen Winkel von 67,5°.

11 Ist w in beiden abgebildeten Fällen die Winkelhalbierende? Du darfst einen Zirkel benutzen.

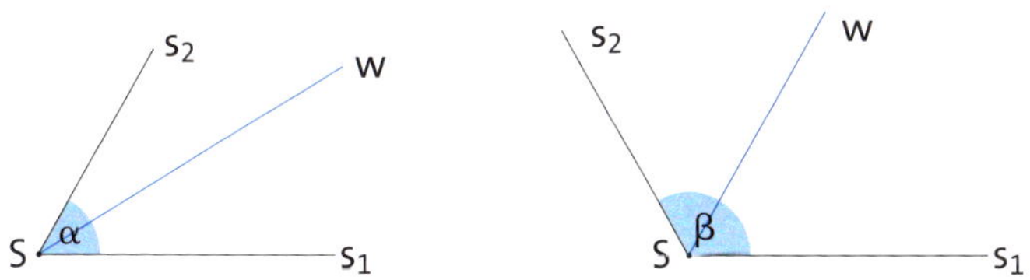

3.2 Abbildungen

Verschiebung, Drehung und Spiegelung

Bei einer **Verschiebung** einer Figur bestimmt der Verschiebungspfeil Betrag und Richtung der Verschiebung.
Eine **Drehung** wird durch den Drehwinkel und das Drehzentrum Z bestimmt. Die Punkte der Figur wandern entgegen dem Uhrzeigersinn auf Kreisbögen um Z. Eine **Punktspiegelung** ist eine Drehung um 180°.
Bei einer **Achsenspiegelung** werden die Punkte einer Figur entlang der Spiegelachse auf deren andere Seite gespiegelt.

12 **Ein Punkt P soll eine Bahn durchlaufen, die von einer Achsenspiegelung, einer Punktspiegelung, einer Drehung und einer Verschiebung bestimmt wird. Die entstandenen Bildpunkte dienen jeweils wieder als Originale für die nächste Abbildung.**

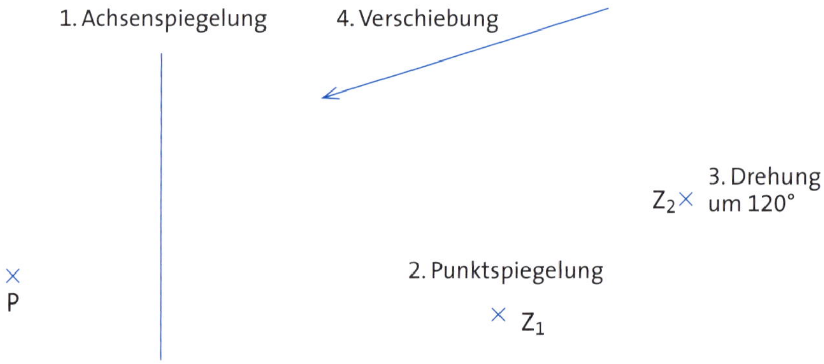

13 **Zeichne das Dreieck A (4|0), B (7|1), C (5|3) in ein Koordinatensystem.**

a) Verschiebe das Dreieck so, dass das Bild von A auf C liegt.

b) Drehe das ursprüngliche Dreieck ABC um das Zentrum Z(0|0) um 55°.

Strahlensätze

Wenn die Geraden g_A und g_B sich schneiden und von den parallelen Geraden g_1 und g_2 geschnitten werden, gelten

der **1. Strahlensatz:**

$$\frac{a_1 + a_2}{a_1} = \frac{b_1 + b_2}{b_1} \text{ und } \frac{a_2}{a_1} = \frac{b_2}{b_1}$$

der **2. Strahlensatz:**

$$\frac{d}{c} = \frac{a_1 + a_2}{a_1} = \frac{b_1 + b_2}{b_1}$$

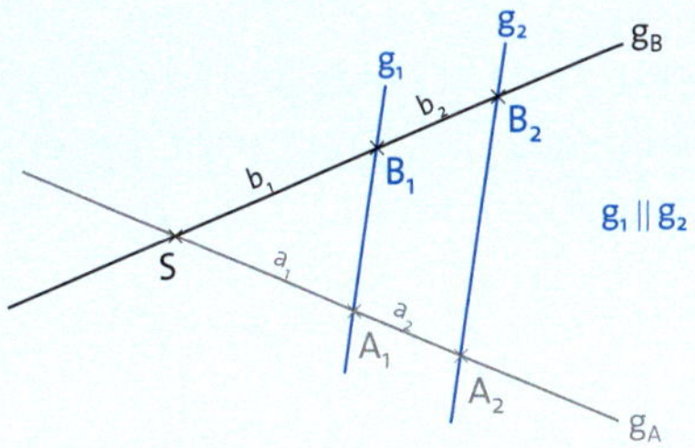

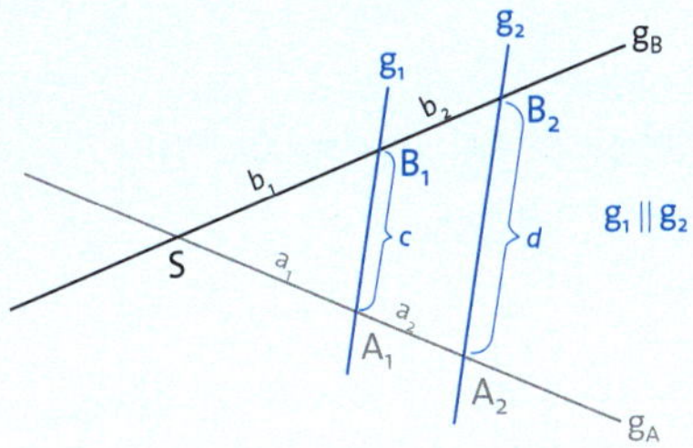

14 Berechne x.

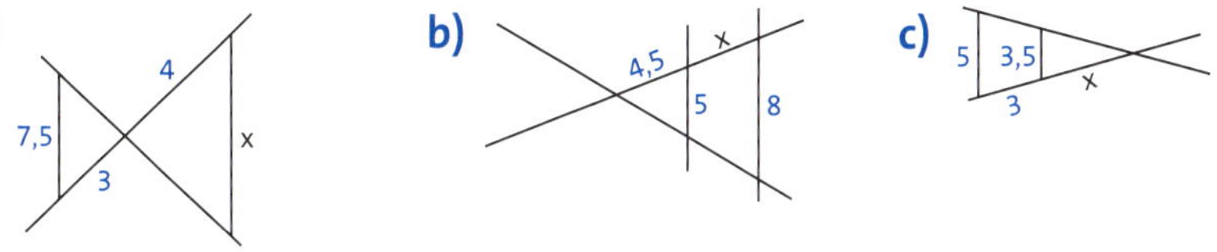

15 Drei Bäume, die auf einem Gartengrundstück stehen, werfen Schatten von 3,80 m; 5,20 m und 8 m. Wie hoch sind diese Bäume, wenn der Schatten des 1,80 m großen Eigentümers zur gleichen Zeit etwa 1,50 m lang ist? Fertige eine Skizze an und berechne die Baumhöhen!

16 In der gegebenen Skizze ist nicht zu erkennen, ob i, h und g zueinander parallel sind. Überprüfe dies jeweils bei den Teilaufgaben.

a) a = 2 cm; b = 4 cm;
c = 3 cm; d = 2,5 cm;
e = 5 cm; f = 3,75 cm

b) a = 0,4 dm; b = 9 cm;
c = 5 cm; d = 5 cm;
e = 11,25 cm; e + f = 1,8 dm

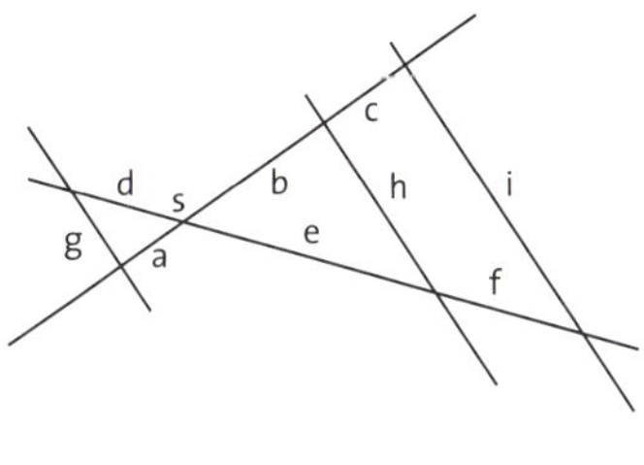

Ähnlichkeit

Figuren sind **ähnlich**, wenn sie in der Form übereinstimmen. Stimmen sie außerdem auch in der Größe überein, sind sie **kongruent** (deckungsgleich). Kongruente Figuren sind also auch ähnlich zueinander, ähnliche Figuren aber nicht unbedingt kongruent.

17 Kreuze die richtigen Antworten an. Für ähnliche Figuren gilt immer:

- ☐ Alle Seitenlängen verändern sich im gleichen Maße.
- ☐ Entsprechende Seiten sind gleich lang.
- ☐ Entsprechende Seitenlängenverhältnisse sind gleich groß.
- ☐ Flächeninhalte ähnlicher Figuren sind gleich groß.
- ☐ Flächeninhalte ähnlicher Figuren verändern sich im gleichen Maße wie ihre Seitenlängen.
- ☐ Entsprechende Winkel sind gleich groß.
- ☐ Alle Winkel verändern sich im gleichen Maße wie ihre Seitenlängen.

18 Die beiden abgebildeten Figuren sind ähnlich. Trage die fehlenden Längenangaben und Winkelmaße ein.

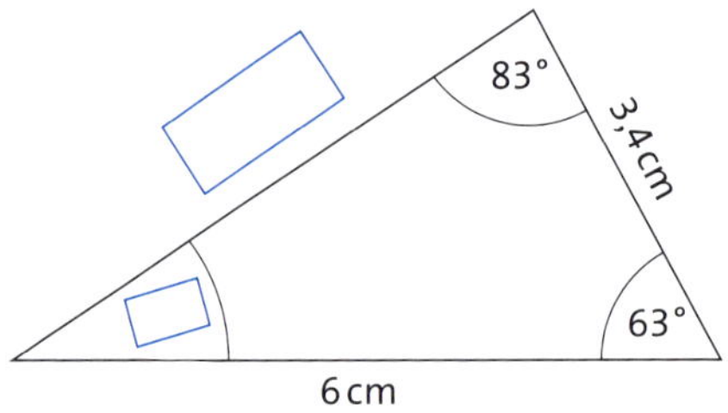

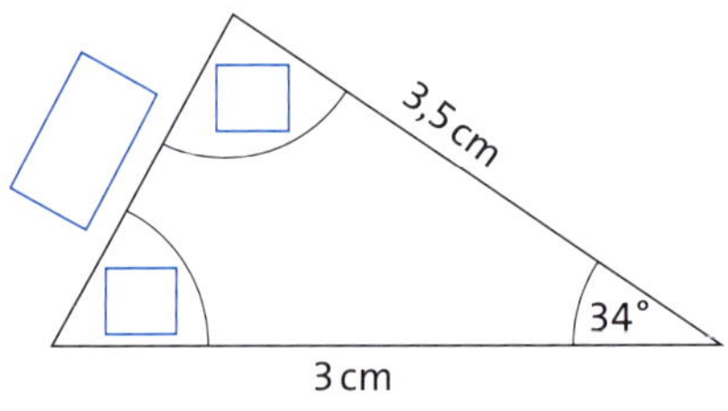

Zentrische Streckung

Bei der zentrischen Streckung wird die Figur um den **Streckfaktor k** verkleinert oder vergrößert. Der Streckfaktor gibt also das Verhältnis von Bildstrecke zu Originalstrecke an.

19 Schau dir die Zeichnungen genau an. Bestimme dann jeweils den Streckfaktor k.

a)

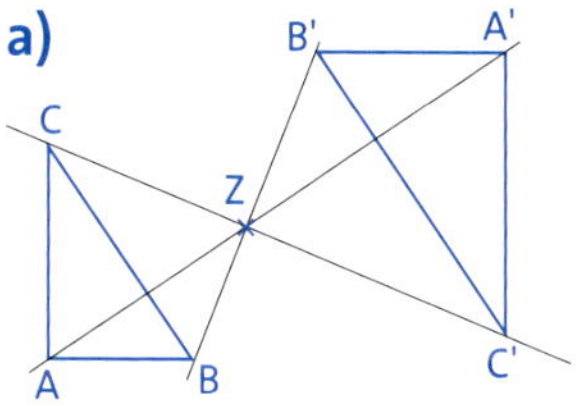

b)

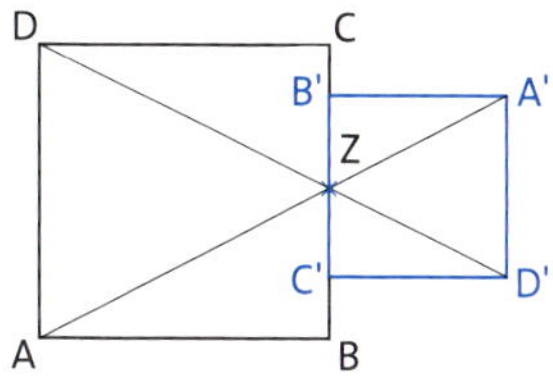

20 Ein Dreieck ABC mit den Seiten a = 7 cm; b = 2,5 cm und c = 6,5 cm wird zentrisch gestreckt. Im Bilddreieck A'B'C' ist die Seite a' = 3,5 cm lang. Wie lang sind die Seiten b' und c'?

21 Zeichne jeweils ein Koordinatensystem. Streckzentrum sei der Punkt Z(0|0). Ermittle das Bild der angegebenen Figur nach Ausführung einer zentrischen Streckung mit dem Streckfaktor k = 2. Gib die Koordinaten der Bildpunkte an.

a) Dreieck ABC mit A(–2|0); B(2|0); C (0|3)

b) Rechteck ABCD mit A(–1|–1,5); B(1|–1,5); C(1|1,5); D(–1|1,5)

3.3 Dreiecke

Flächeninhalt

Der **Flächeninhalt** eines Dreieckes ist das Produkt aus einer Seitenlänge und der dazugehörigen Höhe, dividiert durch 2:

$$A = \frac{g \cdot h_g}{2}$$

Welche Seite man für die Berechnung wählt, ist gleichgültig.

22 Berechne die Flächeninhalte der Dreiecke. Bei dem rechtwinkligen Dreieck ist die Flächenberechnung besonders einfach.

a) 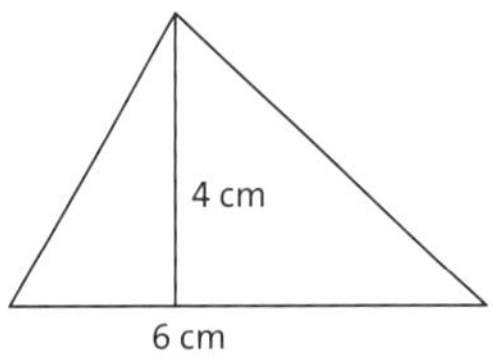

b) 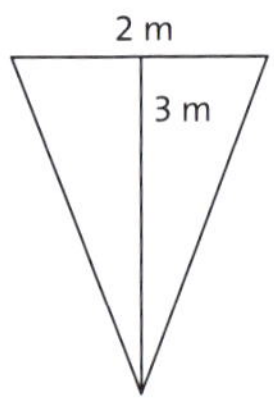

c) 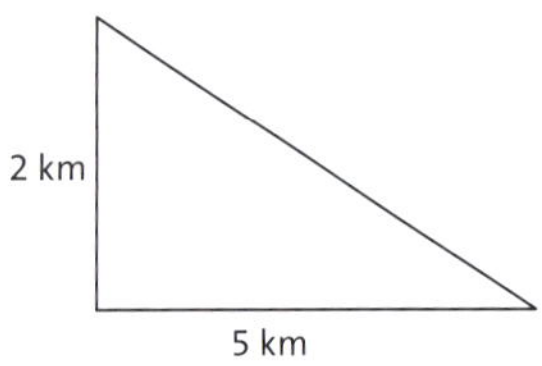

d) 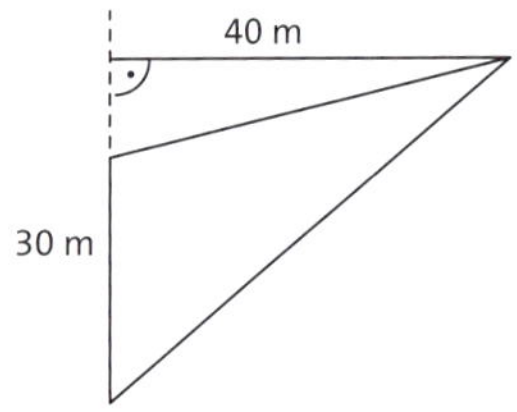

23 Löse die Aufgabe in einem Koordinatensystem. Zur Erinnerung: Der erste Wert gibt die x-Koordinate, der zweite Wert die y-Koordinate eines Punktes an. Verwende zwei Kästchen für eine Einheit.

a) Zeichne das Dreieck A(1|2) B(5|2) C(7|6) in ein Koordinatensystem und zeichne die drei Höhen des Dreiecks ein.

b) Miss die Seitenlängen und die Höhen in Millimeter und trage die Werte in die Zeichnung ein.

c) Berechne den Flächeninhalt (in mm^2) auf drei Arten, indem du jede Seite einmal als Grundseite verwendest.

d) Vergleiche die drei Ergebnisse miteinander. Stimmen sie genau überein? Woher kommen die Abweichungen?

Sätze für Dreiecke – Satz des Thales

Innenwinkelsatz: In jedem Dreieck beträgt die Summe der Innenwinkel 180°.

Basiswinkelsatz: In jedem **gleichschenkligen** Dreieck sind die Basiswinkel gleich groß.

Satz des Thales: Ein Kreis mit dem Durchmesser AB heißt Thaleskreis über der Strecke AB. Für jeden Punkt C auf diesem Kreis gilt:

- Der Winkel ∢ACB ist ein rechter Winkel.
- Das Dreieck ABC ist rechtwinklig.

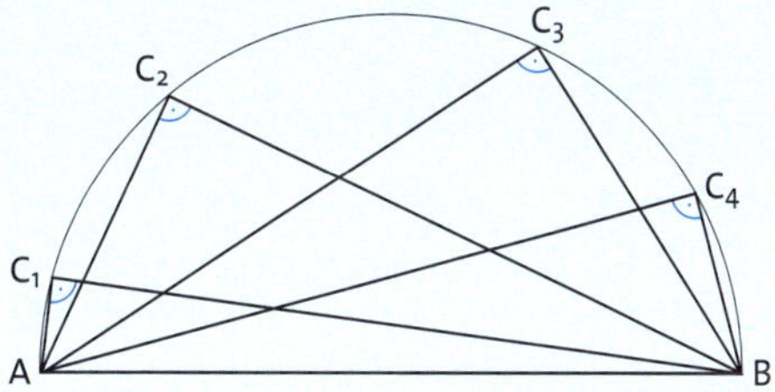

24 **Warum kann ein Innenwinkel eines Dreiecks nicht 180° oder größer sein? Wieso gibt es außerdem kein Dreieck, das zwei stumpfe Winkel hat?**

25 **Wie groß ist der Winkel β? Berechne außerdem die Winkel γ, δ und ε und erläutere deine Rechenwege.**

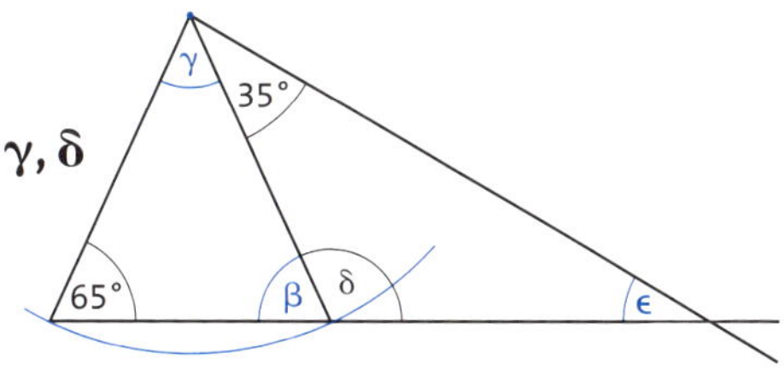

26 **Gib die fehlenden Winkelmaße an.**

a) $\alpha = 60°$
b) $\varepsilon = 110°$
c) $\gamma_1 = 65°$
d) $\delta = 54{,}5°$

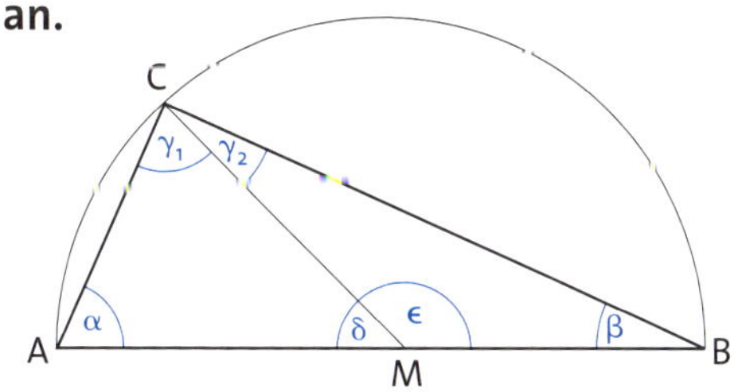

Punkte und Linien im Dreieck

Die **Höhen** eines Dreiecks schneiden sich im Höhenschnittpunkt.
Die **Winkelhalbierenden** eines Dreiecks schneiden sich im Mittelpunkt des Inkreises.
Die **Mittelsenkrechten** eines Dreiecks schneiden sich im Mittelpunkt des Umkreises.

27 Zeichne in dein Übungsheft: Konstruiere ein Dreieck mit folgenden Größen: a = 9 cm; b = 7 cm; γ = 90°.

a) Überlege und beurteile: Wie viele Höhen musst du mindestens konstruieren, wenn es deine Aufgabe ist, den Höhenschnittpunkt des Dreiecks zu konstruieren?

b) Konstruiere die Höhe h_c.

28 Zeichne ein spitzwinkliges und ein stumpfwinkliges Dreieck ABC in dein Übungsheft. Konstruiere in jedem Dreieck die Mittelsenkrechten der Dreiecksseiten. Beschreibe die Lage des Schnittpunkts der Mittelsenkrechten. Überprüfe die Genauigkeit deiner Konstruktionen durch das Zeichnen der Umkreise.

29 Im abgebildeten Dreieck gilt: $\delta + \varepsilon + \varphi$ = 90°. Begründe die Aussage. Welchen Satz für Dreiecke benötigst du?

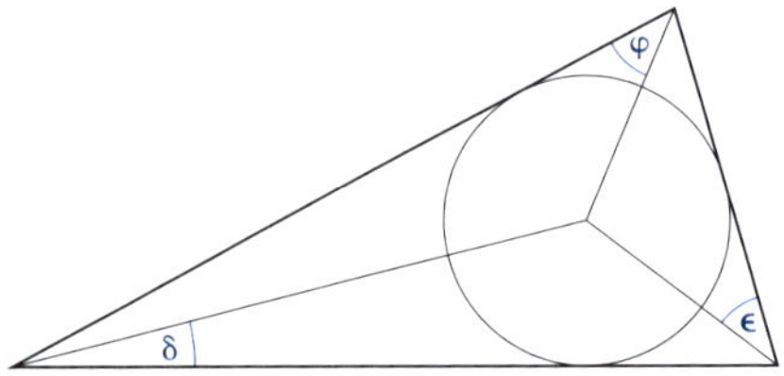

Kongruente Dreiecke

Zwei Dreiecke sind **kongruent** (deckungsgleich), wenn sie:

- in allen drei Seiten übereinstimmen **(sss),**
- in zwei Seiten und dem eingeschlossenen Winkel übereinstimmen **(sws),**
- in einer Seite und den zwei anliegenden Winkeln übereinstimmen **(wsw),**
- in zwei Seiten und dem der größeren Seite gegenüberliegenden Winkel übereinstimmen **(Ssw).**

30 Welche der folgenden Dreiecke ABC sind nicht bzw. nicht eindeutig konstruierbar? Begründe deine Meinung.

a) $a = 6{,}5\,\text{cm}$; $b = 5\,\text{cm}$; $c = 7{,}5\,\text{cm}$

b) $\alpha = 45°$; $\beta = 83°$; $\gamma = 52°$

c) $c = 4{,}2\,\text{cm}$; $b = 8{,}6\,\text{cm}$; $\gamma = 30°$

d) $b = 3{,}8\,\text{cm}$; $c = 2b$; $\gamma = 65°$

e) $\alpha = 85°$; $\beta = 104°$; $c = 5{,}2\,\text{cm}$

f) $a = 6\,\text{cm}$; $b = 5\,\text{cm}$; $c = 13{,}2\,\text{cm}$

Tipp: Überlege dir, was für die Längen der Seiten gelten muss.

31 Suche in folgenden Figuren kongruente Dreiecke! Begründe mit den entsprechenden Kongruenzsätzen. Gleiche Stücke sind gekennzeichnet bzw. beschrieben.

a)

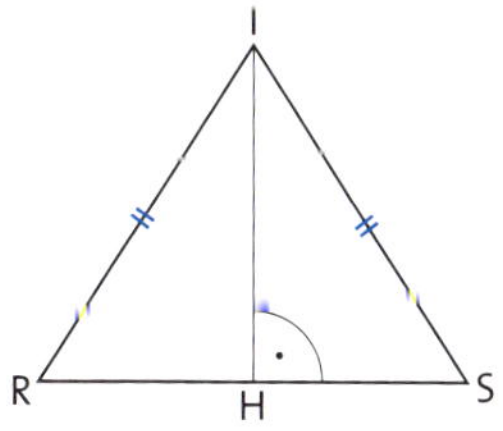

b)

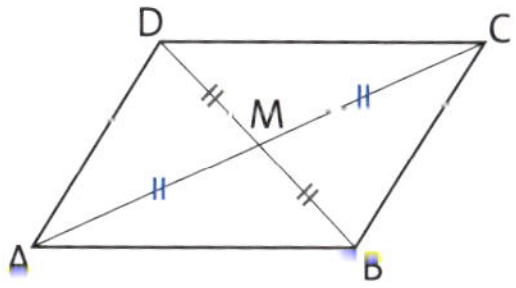

c)

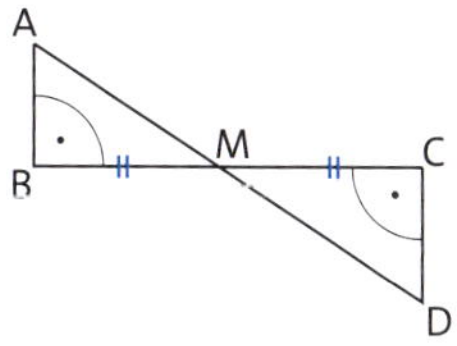

d)

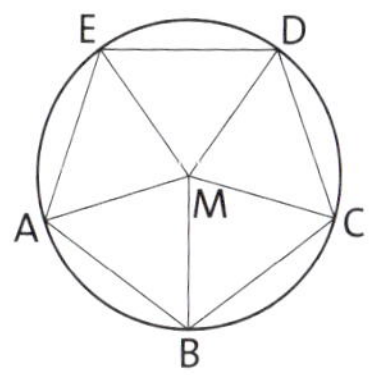

Der Satz des Pythagoras

In einem rechtwinkligen Dreieck ABC ist der Flächeninhalt des Quadrats über der Hypotenuse gleich der Summe der Flächeninhalte der Quadrate über den Katheten: $c^2 = a^2 + b^2$.

Beispiel: Ist eine Kathete 3 cm lang, die zweite 4 cm lang, beträgt die Länge der Hypotenuse c:
$c^2 = (3\text{ cm})^2 + (4\text{ cm})^2 = 9\text{ cm}^2 + 16\text{ cm}^2 = 25\text{ cm}^2$; $c = 5\text{ cm}$

32 Berechne die fehlenden Größen unter der Voraussetzung, dass im Dreieck RST der Winkel RTS 90° beträgt. Fertige vorher eine Skizze an. Notiere deine Ergebnisse in der Tabelle.

	a)	b)	c)	d)	e)
$\overline{TR}$	3,6 cm		2,3 dm	332 mm	
$\overline{ST}$	7,7 cm	8,2 cm	16 cm		3,9 km
$\overline{RS}$		12,9 cm		6,49 dm	4200 m

33 Wie lang ist die Flächendiagonale, wie lang die Raumdiagonale?

a) a = 5 cm

b) a = 225 mm

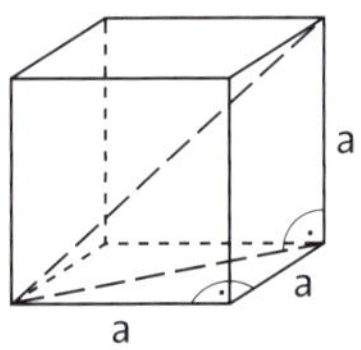

34 Die Diagonale eines Quadrats ist 17,68 cm lang. Berechne Umfang U und Flächeninhalt A dieses Quadrats.

Kathetensatz und Höhensatz

Kathetensatz: Im rechtwinkligen Dreieck hat das Quadrat über einer Kathete denselben Flächeninhalt wie das Rechteck aus der Hypotenuse und dem zur Kathete gehörenden Hypotenusenabschnitt:

$a^2 = p \cdot c; b^2 = q \cdot c$

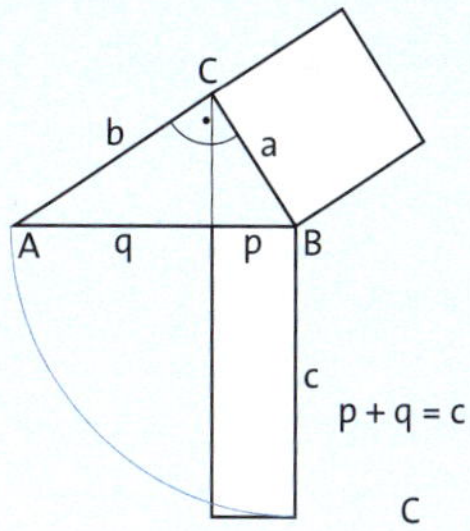

Höhensatz: Im rechtwinkligen Dreieck ist der Flächeninhalt des Quadrats über der Höhe auf der Hypotenuse gleich dem Flächeninhalt des Rechtecks aus den Hypotenusenabschnitten:

$h^2 = p \cdot q$

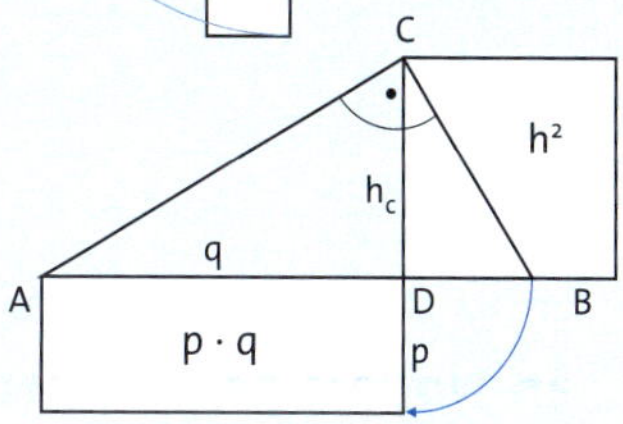

35 **In einem rechtwinkligen Dreieck ($\gamma = 90°$) sind jeweils zwei der sechs Stücke a, b, c, p, q und h_c bekannt. Berechne die übrigen vier Stücke.**

a) $p = 6{,}2\,cm; q = 4{,}3\,cm$
b) $b = 3{,}9\,cm; c = 112\,mm$
c) $p = 56\,mm; c = 1{,}45\,dm$
d) $h_c = 4{,}5\,cm; p = 20\,mm$

36 **Welche der genannten Gleichungen gelten für das Dreieck XYZ?**

a) $y^2 = x^2 + z^2$
b) $w^2 = x^2 - v^2$
c) $w^2 = u \cdot v$
d) $z^2 - u^2 = w^2$
e) $x^2 = y \cdot v$
f) $-u^2 - w^2 = -z^2$
g) $x^2 = y^2 + z^2$

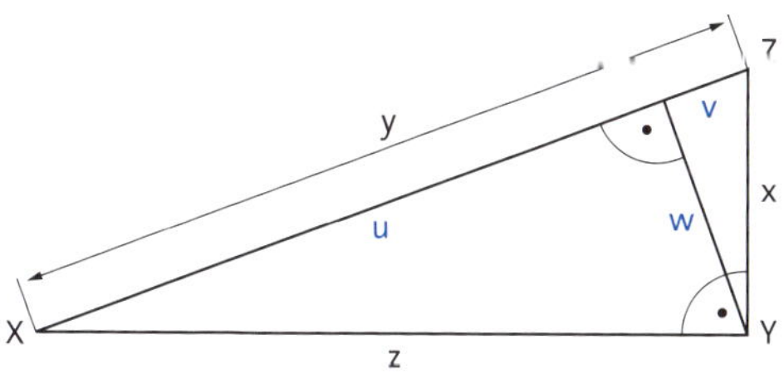

Trigonometrie

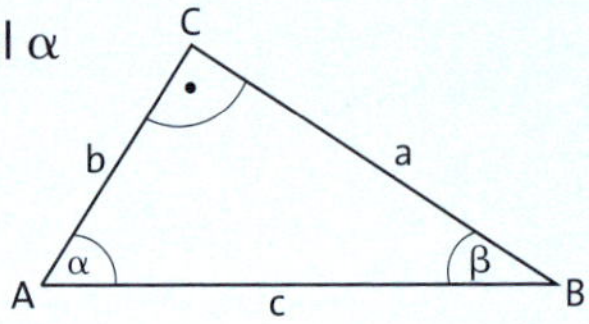

In allen rechtwinkligen Dreiecken, die im Winkel α übereinstimmen, haben auch die folgenden Quotienten dieselben Werte:

$$\sin \alpha = \frac{a}{c};\ \cos \alpha = \frac{b}{c};\ \tan \alpha = \frac{a}{b}$$

a = Länge der Gegenkathete, b = Länge der Ankathete, c = Länge der Hypotenuse
sin steht für **Sinus**, cos für **Kosinus**, tan für **Tangens.**

37 Berechne jeweils die Länge der Seite x.

a)

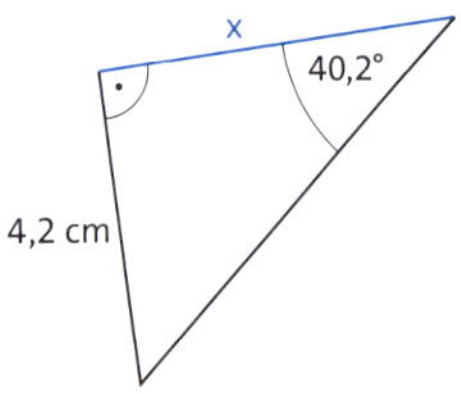

b)

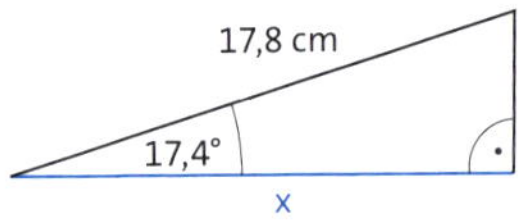

c)

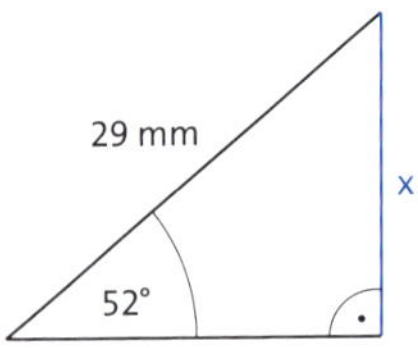

d)

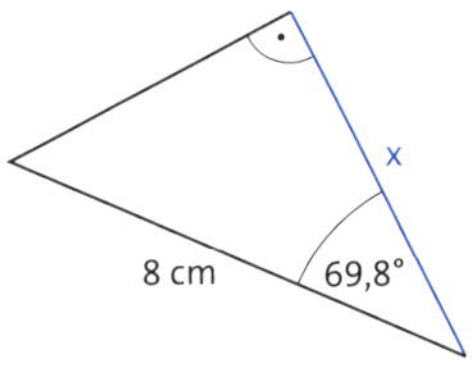

38 Berechne die fehlenden Stücke im rechtwinkligen Dreieck ABC mit γ = 90°. Berechne zuerst die Winkel.

a) a = 4,5 cm; c = 7,3 cm

b) b = 39 cm; c = 9,1 dm

c) a = 230 cm; b = 4,9 m

39 Eine Treppenstufe ist 28,5 cm tief und 16 cm hoch. Wie groß ist der Neigungswinkel des Treppengeländers?

3.4 Vierecke

Rechtecke

Der **Flächeninhalt** A eines Rechtecks mit den Seitenlängen a und b ist das Produkt dieser Seitenlängen: $A = a \cdot b$.

Beispiel: Ein Rechteck mit den Seitenlängen 2 cm und 4 cm hat einen Flächeninhalt von $2\,\text{cm} \cdot 4\,\text{cm} = 8\,\text{cm}^2$.

40 Berechne Flächeninhalt und Umfang eines Rechtecks mit folgender Länge (a) und Breite (b). Denke daran, dass du dieselbe Einheit für a und b benutzen musst!

a) a = 9 cm; b = 12 cm
b) a = b = 3 m (Quadrat)
c) a = 4 dm; b = 6 cm
d) a = 12 mm; b = 5 cm
e) a = 45 cm; b = 1,5 dm
f) a = 4 m 15 cm; b = 15 dm 5 cm

41 Bestimme aus der gegebenen Seitenlänge a und dem Flächeninhalt A eines Rechtecks dessen zweite Seitenlänge b und seinen Umfang U.

a) a = 6 cm; A = 30 cm^2
b) a = 8 dm; A = 40 dm^2
c) a = 12 m; A = 60 m^2
d) a = 2 km; A = 8000 m^2

42 Berechne Umfang und Flächeninhalt der abgebildeten zusammengesetzten Flächen.

a)

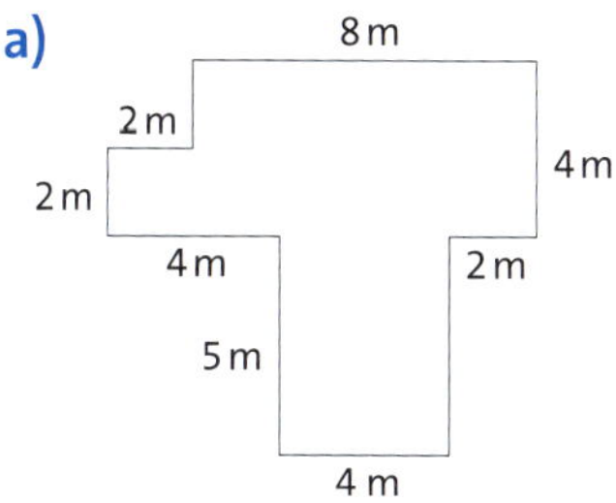

b)

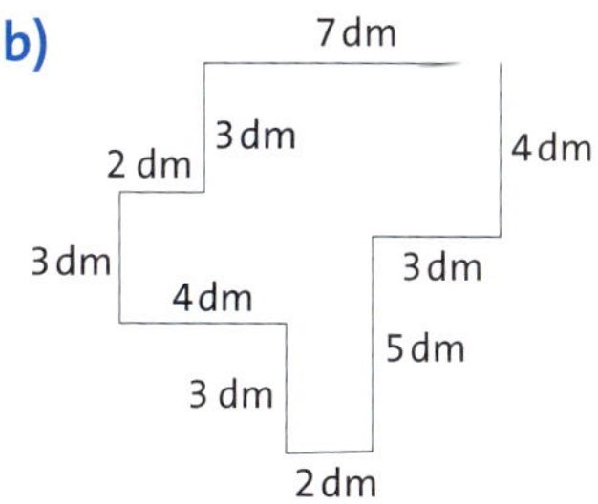

Allgemeine und spezielle Vierecke

Die **Summe der Innenwinkel** im Viereck ist 360°.

Für spezielle Vierecke gibt es Formeln, um den Flächeninhalt zu berechnen:

Trapez	Parallelogramm	Drachenviereck	Rechteck	Quadrat	Raute
$A = \frac{a+c}{2} \cdot h$	$A = g \cdot h$	$A = \frac{1}{2}e \cdot f$	$A = a \cdot b$	$A = a^2$	$A = \frac{1}{2}e \cdot f$

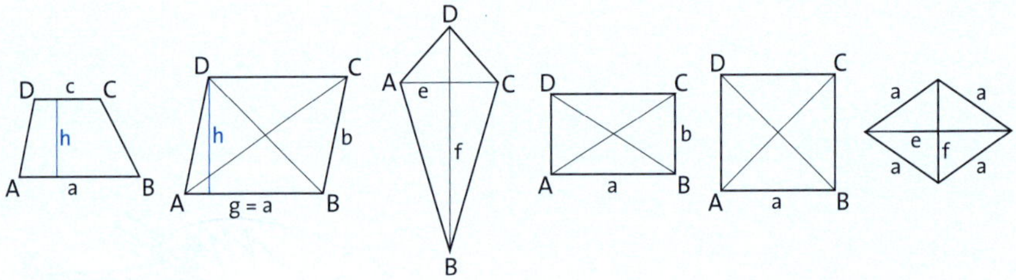

43 **Berechne die fehlenden Winkel der gegebenen Vierecke!**

a)

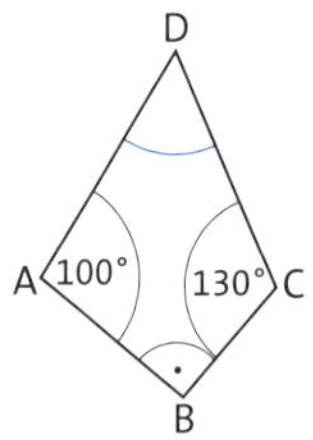

b)

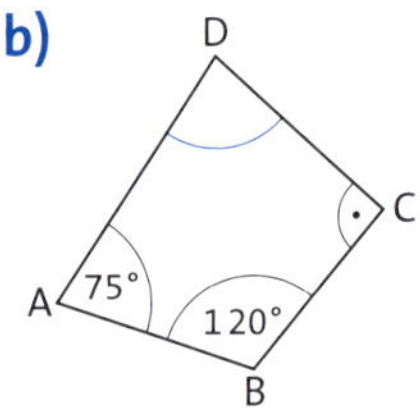

c)

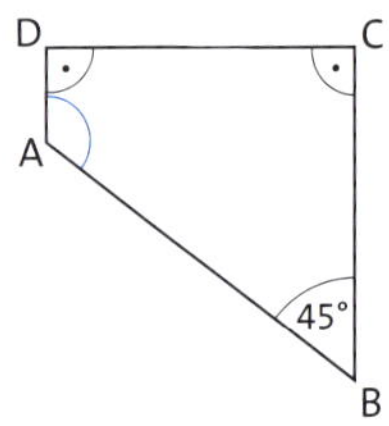

44 **Konstruiere die Vierecke. Bestimme jeweils den Umfang.**

a) Rechteck	b) Parallelogramm	c) Raute	d) Trapez
a = 3,8 cm b = 6,2 cm	a = 5,1 cm b = 3,8 cm δ = 115°	a = 4,7 cm β = 68°	a = 5,6 cm d = 4,3 cm h_a = 4 cm β = 78°

45 **Bestimme den Flächeninhalt der Vierecke aus Übung 44.**
Hinweis: Bestimme fehlende Größen durch Ausmessen.

46 Entscheide, ob die folgenden Aussagen wahr oder falsch sind. Begründe deine Meinung.

a) Jedes Quadrat ist ein Parallelogramm (Trapez, Drachenviereck, Raute, Rechteck).

b) Es gibt ein Drachenviereck, das kein Quadrat ist.

c) Es gibt genau ein Parallelogramm, das keine Raute ist.

d) Ein Parallelogramm ist entweder eine Raute oder ein Rechteck.

e) Wenn ein Viereck ein Trapez ist, so ist es auch ein Parallelogramm.

f) Wenn ein Viereck eine Raute ist, so ist es auch ein Drachenviereck.

47 Die Zeichnung zeigt den Grundriss eines Gartens im Maßstab 1:1000.

a) Berechne den Flächeninhalt des Grundstücks. Hinweis: Teile das Viereck in zwei Teile und berechne die Flächen der Teildreiecke.

b) Das Grundstück wird mit einem Zaun versehen. Wie lang ist dieser?

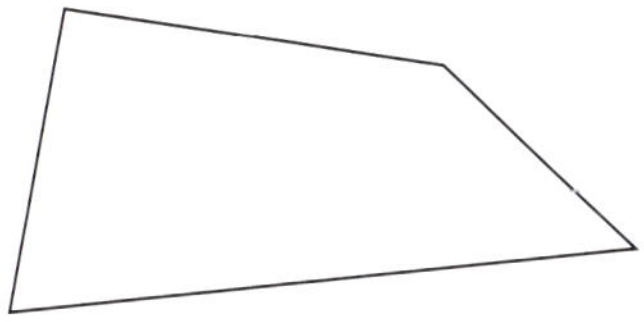

3.5 Kreise

Kreis und Kreisumfang

Alle Punkte, die von einem Punkt M den gleichen Abstand r haben, liegen auf einem Kreis. r heißt **Radius** des Kreises.

Eine **Sehne** ist die Verbindungsstrecke von zwei Punkten der Kreislinie. Läuft die Sehne durch den Kreismittelpunkt, heißt sie **Durchmesser** d. Es gilt:

$d = 2 \cdot r$

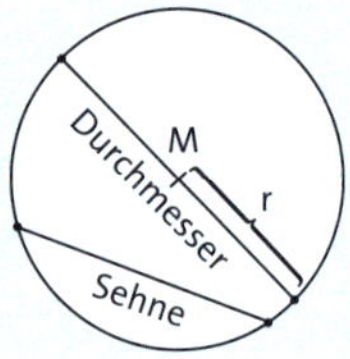

Den **Umfang** U des Kreises berechnet man mithilfe der **Zahl** π:

$U = 2 \cdot \pi \cdot r = \pi \cdot d; \pi \approx 3{,}142$

48 Zeichne in dein Übungsheft.

a) Markiere einen Punkt M und zeichne den Kreis K(M; 4 cm). Markiere einen Punkt N auf der Kreislinie und zeichne den Kreis K(N; 2,5 cm).

b) Wo liegen alle Punkte, die von M mehr als 4 cm und von N weniger als 2,5 cm entfernt sind? Färbe den Bereich.

c) Wo liegen alle Punkte, die von N mehr als 2,5 cm und von M weniger als 4 cm entfernt sind? Färbe den Bereich.

d) Markiere die Punkte, die von M 4 cm und von N 2,5 cm entfernt sind.

e) Wie lang ist die zugehörige Sehne?

f) Miss den Mittelpunktswinkel zur Sehne aus e). Der zugehörige Scheitel sei M.

49 Der Hund Lucky ist an einer 5 m langen Leine an einem Pfahl angebunden. Welchen Umfang hat der Kreis, in dem Lucky sich höchstens um den Pfahl bewegen kann? Wie weit muss er laufen, wenn er bei gespannter Leine dreimal den Pfahl umrunden will?

Geraden und Winkel am Kreis

Eine **Sekante** s schneidet den Kreis in zwei Punkten. Eine **Tangente** t berührt den Kreis in genau einem Punkt. Eine **Passante** berührt den Kreis in keinem Punkt.

Der Scheitel eines **Umfangswinkels** (Peripheriewinkel; γ_1 und γ_2 in der Abbildung) liegt auf dem Kreis, seine Schenkel schneiden den Kreis. Der Scheitelpunkt eines **Mittelpunktswinkels** (Zentriwinkel; δ in der Abbildung) ist der Mittelpunkt des Kreises.

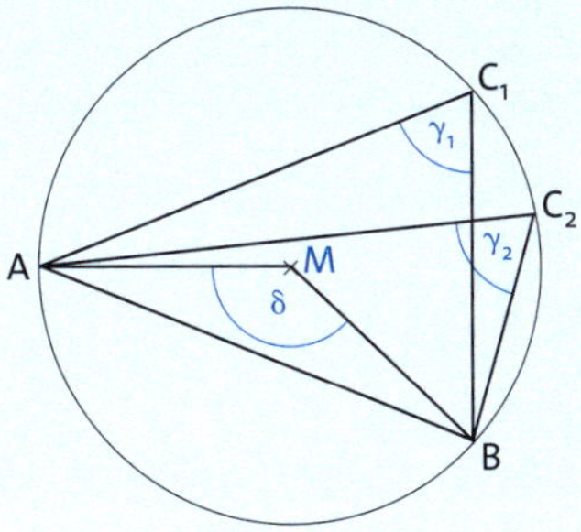

Es gilt: $\gamma_1 = \gamma_2; \delta = 2 \cdot \gamma_1 = 2 \cdot \gamma_2$

50 Zeichne einen Kreis mit dem Radius 2 cm und dem Mittelpunkt M in dein Übungsheft.

a) Konstruiere nun die Geraden g, h und l, die folgende Abstände vom Mittelpunkt des Kreises haben: Der Abstand zwischen g und M beträgt 1,5 cm, der Abstand zwischen h und M beträgt 2 cm, der Abstand zwischen l und M beträgt 2,5 cm.

b) Betrachte deine Zeichnung genau und entscheide, welche Gerade eine Tangente, welche eine Passante und welche eine Sekante des Kreises ist.

Tipp: Der Abstand eines Punktes M von einer Geraden g ist die Länge der kürzesten (senkrechten) Verbindungsstrecke von M zu g.

51 Um welche Winkelarten handelt es sich? Miss die einzelnen Winkel.

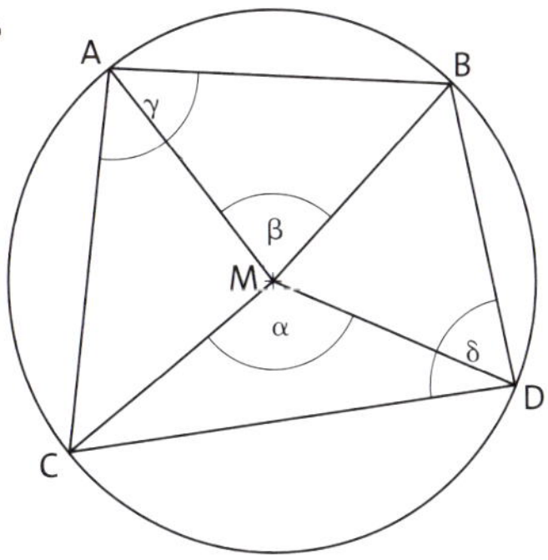

Vierecke am Kreis

Ein Viereck, dessen vier Eckpunkte auf einem Kreis liegen, heißt **Sehnenviereck.** Seine Seiten sind Sehnen des Kreises. Im Sehnenviereck ist die Summe zweier gegenüberliegender Innenwinkel stets 180°.
Ein Viereck, dessen vier Seiten auf Tangenten eines Kreises liegen, heißt **Tangentenviereck.** Im Tangentenviereck ist die Summe der Längen zweier gegenüberliegender Seiten stets gleich der Summe der anderen beiden Seiten.

52 Betrachte folgende Zeichnung.

a) Um welche Art von Viereck handelt es sich bei dem Viereck $ABCD_1$?

b) Berechne die fehlenden Winkel γ und δ_1.

c) Wie groß sind die fehlenden Winkel δ_2 und δ_3? Begründe deine Antwort.

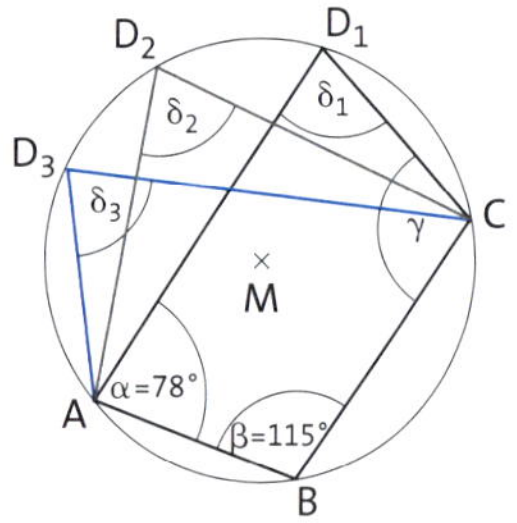

53 Das Viereck ABCD soll ein Tangentenviereck sein. Wie groß ist die Summe der Seitenlängen a und c, wenn die Summe der Seitenlängen b und d 123 cm beträgt? Begründe deine Antwort.

54 Ergänze – falls möglich – den fehlenden Winkel des Vierecks ABCD (mit den Winkeln α, β, γ, δ) so, dass ein Sehnenviereck entsteht. Sollte dies nicht möglich sein, begründe, warum.

a) $\alpha = 73{,}5°$; $\beta = 123{,}5°$; $\gamma = 106{,}5°$

b) $\alpha = 80{,}6°$; $\gamma = 99{,}4°$; $\delta = 56{,}9°$

c) $\beta = 44{,}3°$; $\gamma = 151{,}1°$; $\delta = 135{,}7°$

d) $\beta = 2\alpha$; $\gamma = 4\alpha$; $\delta = 102°$

Umfang und Flächeninhalt von Kreisen

Den **Umfang** U eines Kreises berechnet man aus seinem Radius r und der Zahl π:

$$U = 2 \cdot \pi \cdot r$$

Der **Flächeninhalt** A eines Kreises ergibt sich aus:

$$A = \pi \cdot r^2$$

55 Vervollständige die Tabelle.

Radius	Durchmesser	Umfang	Flächeninhalt	Flächeninhalt des Halbkreises
12,5 cm				
			$16\ dm^2$	
	0,65 km			
		62,8 mm		
				$3{,}8\ m^2$

56 Um die Erde wird ein Band am Äquator fest anliegend gespannt. Passt eine Maus zwischen Erde und Band hindurch, wenn man das Band um 1 m verlängert und überall im gleichen Abstand um die Erde legt? Der Erdradius beträgt ungefähr 6370 km.

57 Zwei Aufgaben zum Fahrrad.

a) Wie viele Umdrehungen macht das Vorderrad deines Fahrrads, wenn du bei einer Tour eine Strecke von 17,8 km zurückgelegt hast? Beschreibe, wie du diese Aufgabe löst.

b) Dein Vater hat ein Herrenrad mit 28"-Rädern. Stell dir vor, bei einer Radwanderung legen deine Eltern etwa 28 km zurück. Wie oft haben sich die Räder des Fahrrads deines Vaters gedreht? Hinweis: 28" bedeutet 28 Zoll; 1 Zoll = 2,54 cm.

Kreisbogen und Kreisausschnitt

Ein **Kreisbogen** ist ein Teil des Kreises. Seine Länge b ergibt sich zu:

$$b = \frac{\alpha}{180°} \cdot \pi \cdot r$$

Beispiel: Für einen Winkel $\alpha = 132°$ und einen Radius $r = 13{,}5\,\text{m}$ ist der Kreisbogen $b = \frac{132°}{180°} \cdot \pi \cdot 13{,}5\,\text{m} \approx 31{,}1\,\text{m}$ lang.

Ein **Kreisausschnitt** ist eine Teilfläche der Kreisfläche, die von den Schenkeln des Mittelpunktswinkels und dem zugehörigen Kreisbogen begrenzt wird. Sein Flächeninhalt A_s ergibt sich zu:

$$A_s = \frac{\alpha}{360°} \cdot \pi \cdot r^2$$

58 Berechne die Länge des Kreisbogens und den Flächeninhalt eines Kreisausschnittes, von dem bekannt ist:

a) $r = 5\,\text{cm}; \alpha = 65°$
b) $r = 7{,}4\,\text{cm}; \alpha = 145°$
c) $d = 4{,}8\,\text{m}; \alpha = 90°$
d) $d = 13{,}8\,\text{mm}; \alpha = 200°$
e) $d = 10\,\text{dm}; \alpha = 310°$
f) $r = 0{,}5\,\text{m}; \alpha = 12{,}5°$

59 Übertrage die Figur in dein Heft. Berechne die gekennzeichnete Fläche („Sichelfläche"). Miss die fehlenden Längen oder suche nach einem Weg, wie du Fehlendes berechnen kannst.

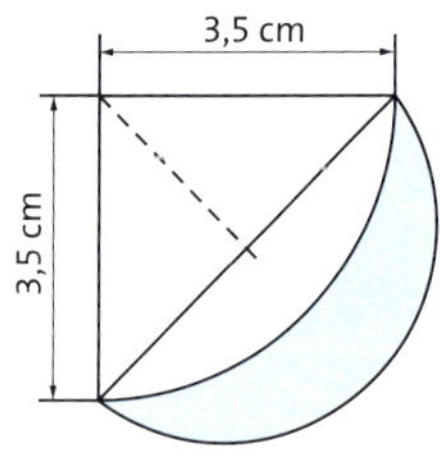

Winkelsätze

Alle **Umfangswinkel** über demselben Kreisbogen b sind gleich groß. Die Umfangswinkel über einem Kreisbogen sind halb so groß wie der entsprechende **Mittelpunktswinkel.**

$\alpha_1 = \alpha_2$
$\varepsilon = 2\alpha_1 = 2\alpha_2$

Die beiden **Sehnen-Tangenten-Winkel** zu einem Kreisbogen sind genauso groß wie die entsprechenden Umfangswinkel und halb so groß wie der zugehörige Mittelpunktswinkel.

$\gamma_1 = \gamma_2 = \frac{1}{2}\varepsilon$

Satz des Thales: Alle Umfangswinkel über einem Kreisdurchmesser sind rechte Winkel.

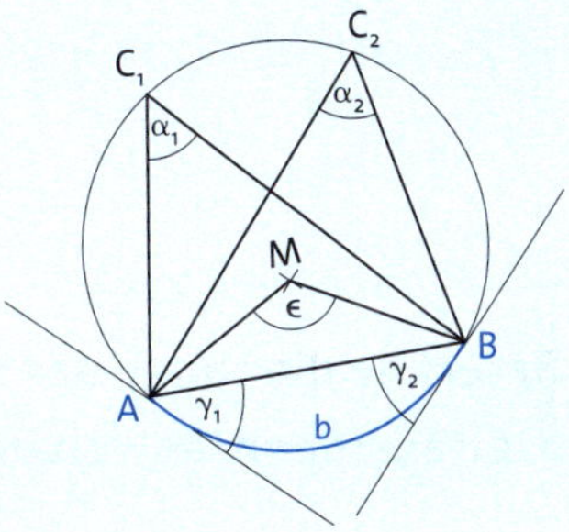

60 **Wie groß ist jeder Mittelpunktswinkel ε und wie groß ist jeder Umfangswinkel α über einem Halbkreisbogen?**

61 **Betrachte die Abbildung. α ist der Umfangswinkel und β der Mittelpunktswinkel zum Kreisbogen AB.**

a) Charakterisiere die Winkel γ und δ.
b) Es gilt: α = 56°. Berechne β, γ und δ.
c) Wie groß ist die Summe der Winkel ε und φ?

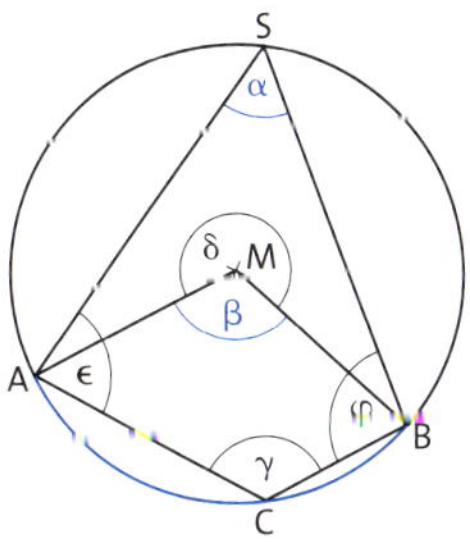

3.6 Körper

Schrägbilder und Netze

Um ein **Schrägbild** eines Körpers zu zeichnen, zeichnet man die Vorderfläche in einem geeigneten Maßstab (z. B. 1 m = 1 cm = 2 Kästchen). An jeder Ecke zeichnet man eine 45°-Linie (benutze die Kästchendiagonale auf dem Karopapier als Hilfe) und trägt an diesen Linien die nach hinten verlaufenden Kanten des Körpers in halber Länge ab, also 1 m = 0,5 cm. (Man kann auch der Einfachheit halber 1 m = 1 Kästchendiagonale wählen.) Bei der Rückfläche werden verdeckte Kanten gestrichelt gezeichnet.

Ein **Netz** eines Körpers entsteht, wenn man ihn (gedanklich) entlang geeigneter Kanten aufschneidet und alle Flächen in der Ebene auseinanderklappt.

62 Welche der folgenden Figuren stellen ein Würfelnetz dar?

a) 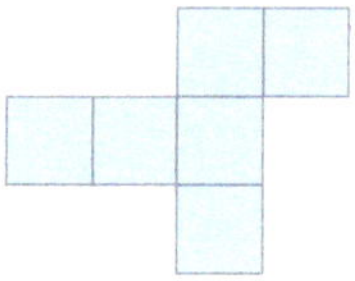

b) 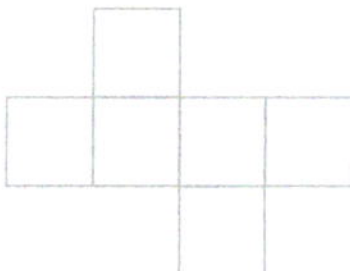

c) 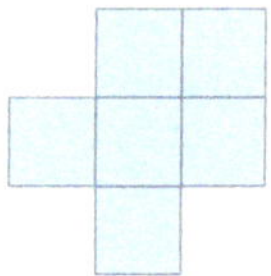

d) 

e) 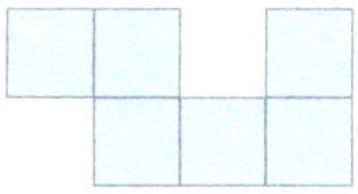

f) 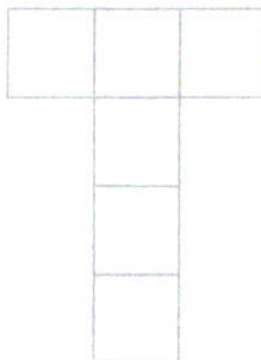

63 Zeichne zu den angegebenen Maßen jeweils das Schrägbild eines Quaders.

a) Länge = 5 cm; Breite = 4 cm; Höhe = 3 cm

b) Länge = 6 cm; Breite = 3 cm; Höhe = 4 cm

c) Länge = 4 cm; Breite = 5 cm; Höhe = 2 cm

Quader

Das **Volumen** eines Quaders ist das Produkt der drei Kantenlängen:
$V = a \cdot b \cdot c$.

Beispiel: Für den abgebildeten Quader beträgt das Volumen:
$V = 5\,m \cdot 3\,m \cdot 2\,m = 30\,m^3$

Den **Oberflächeninhalt** eines Quaders erhält man durch Addition der sechs Flächeninhalte:
$A_O = 2 \cdot a \cdot b + 2 \cdot a \cdot c + 2 \cdot b \cdot c$

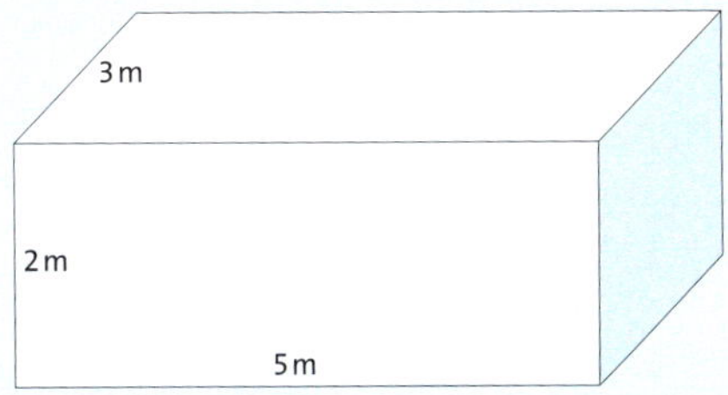

Beispiel: Der Oberflächeninhalt des abgebildeten Quaders ist:
$A_O = 2 \cdot 5\,m \cdot 3\,m + 2 \cdot 5\,m \cdot 2\,m + 2 \cdot 3\,m \cdot 2\,m = 62\,m^2$

64 Berechne jeweils Volumen und Oberflächeninhalt eines Quaders mit den folgenden Maßen: Länge (l), Breite bzw. Tiefe (b) und Höhe (h).

a) l = 9 cm; b = 12 cm; h = 4 cm
b) l = b = h = 3 m
c) l = 4 dm; b = 6 cm; h = 50 mm
d) l = 12 mm; b = 5 cm; h = 1,5 cm

65 Auf einem Werksgelände soll ein quaderförmiges Löschbecken angelegt werden, das 630 000 Liter Wasser fasst. Das Grundstück, das zur Verfügung steht, ist 15 m lang und 12 m breit. Wie tief muss das Becken (mindestens) sein?

66 Berechne das Volumen des zusammengesetzten Körpers. Lies fehlende Längenangaben an anderer Stelle ab oder berechne sie mithilfe der vorhandenen Angaben.

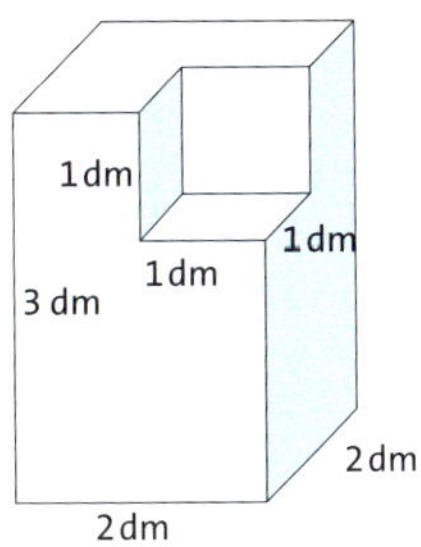

Prisma

Das **Volumen** eines Prismas ist gleich dem Produkt aus dem Flächeninhalt der Grundfläche A_G und der Körperhöhe h_K:

$$V = A_G \cdot h_K$$

Beispiel: Ein Prisma mit einem gleichseitigen Trapez als Grundfläche A_G ($a = 4\,cm$; $c = 2{,}4\,cm$; Flächenhöhe $h_T = 3\,cm$) und der Körperhöhe $h_K = 7{,}8\,cm$ hat das Volumen:

$$V = A_G \cdot h_K = \frac{a + c}{2} \cdot h_T \cdot h_K = 9{,}6\,cm^2 \cdot 7{,}8\,cm \approx 74{,}88\,cm^3$$

67 Berechne das Volumen eines ...

a) Prismas mit einer quadratischen Grundfläche:
$a = 7{,}2\,cm$; $h_K = 8\,cm$

b) Prismas, dessen Grundfläche ein Trapez ist:
$a \parallel c$; $a = 4{,}5\,cm$; $c = 30\,mm$; $h_T = 3\,cm$; $h_K = 0{,}8\,dm$

68 Von einem geraden Prisma mit rechteckiger Grundfläche sind das Volumen, die Höhe und eine Seite der Grundfläche bekannt ($V = 432\,cm^3$; $h_K = 12\,cm$; $a = 8\,cm$).

a) Berechne die fehlende Seite.

b) Wie groß ist die Oberfläche?

c) Zeichne ein Netz in einem geeigneten Maßstab.

d) Du sollst ein Modell des Körpers aus Draht anfertigen. Wie viel Draht brauchst du für die Herstellung dieses Modells?

Zylinder

Ein Zylinder wird begrenzt von zwei kongruenten, zueinander parallelen Kreisflächen und einer gekrümmten Mantelfläche, die abgerollt ein Rechteck darstellt. Sein **Volumen** ist gleich dem Produkt aus dem Inhalt der Kreisfläche A_G und der Zylinderhöhe h:

$$V = A_G \cdot h, \text{ mit } A_G = \pi \cdot r^2$$

Der **Oberflächeninhalt** des Zylinders ergibt sich zu:

$$A_O = 2A_G + A_M = 2(\pi \cdot r^2) + 2 \cdot \pi \cdot r \cdot h$$

Beispiel: Für einen Zylinder der Höhe 3 m und des Radius 1 m ergibt sich:

$A_O = 2(\pi \cdot (1\,m)^2) + 2 \cdot \pi \cdot 1\,m \cdot 3\,m \approx 6{,}28\,m^2 + 18{,}85\,m^2 = 25{,}13\,m^2$;

$V = \pi \cdot (1\,m)^2 \cdot 3\,m \approx 9{,}42\,m^3$

69 Gerade Zylinder werden durch den Radius, den Durchmesser und den Flächeninhalt der Grundfläche sowie durch die Höhe und den Flächeninhalt der Mantelfläche bzw. durch den Oberflächeninhalt und das Volumen beschrieben. Berechne jeweils die fehlenden Größen.

	r	d	h	A_G	A_M	A_O	V
a)	5 cm		8 cm				
b)		42 mm					41,6 cm³
c)				32,2 cm²			161 cm³

70 Ein Betonrohr hat einen Außendurchmesser von 48 cm und einen Innendurchmesser von 42 cm. Es ist 1,00 m lang. Kann man dieses Rohr alleine tragen? Überprüfe deine Vermutung anhand einer Rechnung (Dichte: $\rho = 2{,}7\,\frac{g}{cm^3}$).

71 Ein zylindrisches Gefäß hat einen Innendurchmesser von 150 mm, es ist 20 cm hoch. Bis zu welcher Höhe ist es gefüllt, wenn genau 2 Liter Wasser eingegossen werden?

Pyramide und Kegel

Das **Volumen** von Pyramide und Kegel berechnet man mit:

$$V = \frac{1}{3} A_G \cdot h$$

Beim **Kegel** ist die Grundfläche A_G ein Kreis:

$$A_G = \pi \cdot r^2$$

Beispiel: Das Volumen einer quadratischen Pyramide mit der Höhe h = 3 cm, deren Grundfläche die Seitenlänge a = 2 cm hat, ergibt sich zu:

$$V_P = \frac{1}{3} A_G \cdot h = \frac{1}{3} a^2 \cdot h = \frac{1}{3} (2\,\text{cm})^2 \cdot 3\,\text{cm} = 4\,\text{cm}^3$$

72 Berechne das Volumen und den Oberflächeninhalt einer quadratischen Pyramide.

Tipp: Der Satz des Pythagoras hilft dir.

a) $a = 4{,}5$ cm; $s = 8$ cm

b) $a = 60$ mm; $h_K = 10$ cm

c) $a = 35$ cm; $h_a = 0{,}8$ m

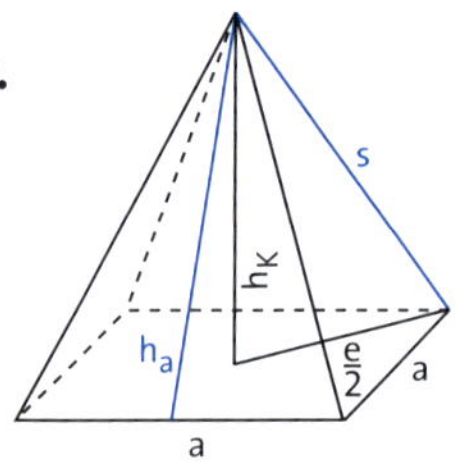

73 Berechne für die folgenden geraden Kreiskegel die gesuchten Größen.

a) $r = 12$ cm; $h = 12$ cm; gesucht: d, U, V

b) $d = 25$ mm; $s = 32$ mm; gesucht: A_M, A_O, h, V

74 Berechne das Volumen des abgebildeten Pyramidenstumpfes und das des Kegelstumpfes.

a)

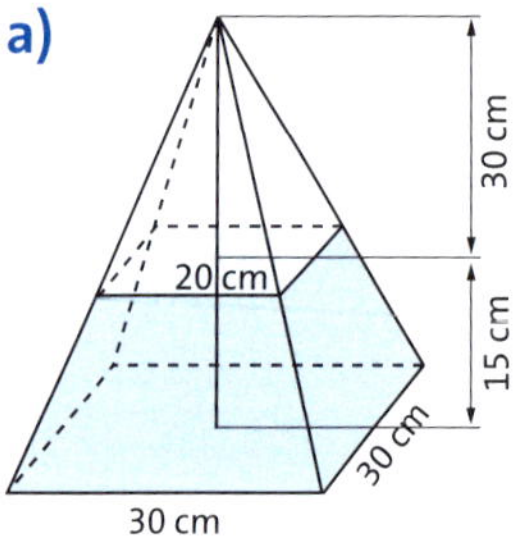

b)

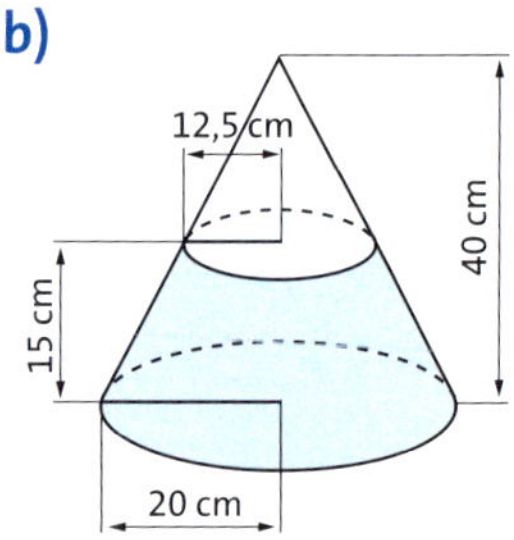

Kugel

Das **Volumen** einer Kugel berechnet man mit: $V = \frac{4}{3} \cdot \pi \cdot r^3$

Den **Oberflächeninhalt** einer Kugel berechnet man mit: $A_O = 4 \cdot \pi \cdot r^2$

Beispiel: Volumen und Oberflächeninhalt einer Kugel mit dem Radius r = 5 cm sind:
$V = \frac{4}{3} \cdot \pi \cdot (5\,cm)^3 \approx 523{,}6\,cm^3$
$A_O = 4 \cdot \pi \cdot (5\,cm)^2 \approx 314{,}16\,cm^2$

75 Berechne Volumen und Oberfläche der Kugel.

a) r = 1 cm
b) d = 4 cm
c) r = 1,2 m
d) r = 18 mm

76 Die Oberfläche einer Kugel beträgt 784,27 cm². Berechne das Volumen dieser Kugel.

77 Aus einem Wasserhahn tropft alle 10 Sekunden ein kugelförmiger Wassertropfen mit dem Durchmesser 2 mm.

a) Wie viel Liter werden dadurch in einem Jahr verschwendet?
b) Reicht die Menge für ein Vollbad (ca. 375 Liter)?

78 Fünf Stahlkugeln mit dem Durchmesser 2 cm werden eingeschmolzen und zu einer großen Kugel geformt.

a) Welchen Radius hat die neue Kugel?
b) Vergleiche die Oberfläche der fünf einzelnen Kugeln mit der Oberfläche der großen Kugel.
c) Von der neuen Kugel wird ein Abschnitt abgesägt mit der Dicke 5 mm. Welches Volumen hat der Rest der Kugel?
Tipp: Volumen eines Kugelabschnittes:
$V = \frac{\pi}{6} h \cdot (3R^2 + h^2)$

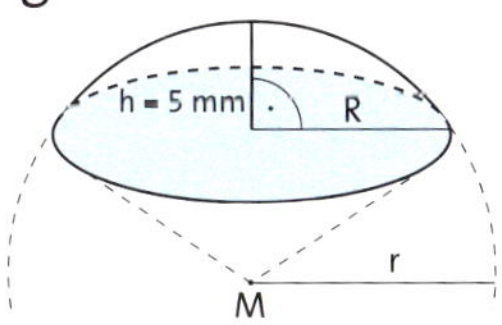

4 Gleichungen und Funktionen

4.1 Gleichungen

Gleichungen mit ganzen Zahlen

Mit den folgenden Umkehrungen kannst du Gleichungen schneller lösen:

Gleichung	Umkehrung
$x + a = b$, also $x + 7 = 9$	$x = b - a$ $x = 9 - 7$
$x - a = b$, also $x - 4 = 3$	$x = b + a$ $x = 3 + 4$
$a - x = b$, also $5 - x = 3$	$x = a - b$ $x = 5 - 3$

Gleichung	Umkehrung
$a \cdot x = b$, also $3 \cdot x = 12$	$x = b : a$ $x = 12 : 3$
$x : a = b$, also $x : 3 = 7$	$x = b \cdot a$ $x = 7 \cdot 3$
$a : x = b$, also $16 : x = 2$	$x = a : b$ $x = 16 : 2$

1 Welche Zahl kann man für x einsetzen, um eine wahre Aussage zu erhalten?

a) $(-12) + x = (-24)$
b) $(-78) - x = 2$
c) $x + (-60) = (-20)$
d) $x \cdot (-115) = (-690)$
e) $x : 5 = (-9)$
f) $x - (-108) = (-18)$
g) $(-12) \cdot x = (-24)$
h) $(-80) : x = 2$
i) $x \cdot (-60) = (-300)$

2 Stelle jeweils eine Gleichung auf und löse sie anschließend.

a) Welche Zahl muss man zu (–5) addieren, um 13 zu erhalten?
b) Multipliziert man eine Zahl mit (–3), so erhält man (–27). Wie heißt die Zahl?
c) Welche Zahl erhält man, wenn man von der Summe aus (–18) und (–64) die Zahl 79 subtrahiert?

Sachaufgaben lösen

Textaufgaben lassen sich lösen, indem du eine Gleichung aufstellst und die Lösung bestimmst. So gehst du vor:

1. Textaufgabe gründlich lesen
2. Informationen zusammenstellen
3. Variablen festlegen
4. Terme aufstellen
5. Gleichung aufstellen
6. Gleichung lösen
7. Probe durchführen
8. Antwortsatz formulieren

3 Ingos Vater ist fünfmal so alt wie Ingo und Ingo ist 32 Jahre jünger als sein Vater. Wie alt sind die beiden?

a) Wähle x für Ingos Alter in Jahren und löse die Aufgabe.

b) Wähle nun y für das Alter des Vaters in Jahren und löse die Aufgabe. Tipp: Du musst das gleiche Ergebnis erhalten.

4 Ein Quader hat eine Kantenlänge von insgesamt 440 cm. Der Quader ist doppelt so lang wie breit und dreimal so breit wie hoch. Berechne die Kantenlängen des Quaders. Tipp: Eine Skizze hilft dir.

5 Albert und Bodo haben gemeinsam 900 € im Lotto gewonnen. 150 € wollen sie spenden und den Rest so aufteilen, dass Albert doppelt so viel bekommt wie Bodo. Wie viel Euro bekommt Albert, wie viel Bodo?

Gleichungen mit rationalen Zahlen

Auch Gleichungen mit rationalen Zahlen lassen sich mithilfe der Umkehrungen lösen. Sieh sie dir auf S. 84 noch einmal an. Oder du verwendest die Äquivalenzumformungen, die du auf S. 87 findest. Tipps zum Lösen von Sachaufgaben findest du auf S. 85.

6 Löse die Gleichungen.

a) $x + 4{,}5 = 23$

b) $\frac{7}{2} \cdot (x - 5) = 91$

c) $x - 89{,}2 = 0$

d) $2{,}5 \cdot x = -10$

e) $x : \frac{5}{4} + 1 = 101$

f) $20{,}4 + x = \frac{99}{2} - x$

g) $\frac{4}{7}a + \frac{2}{7}a - 1 = 23$

h) $4(u - 3{,}25) = u + 112$

7 Stelle eine Gleichung auf und bestimme die gesuchte Zahl.

a) Das Vierfache der gesuchten Zahl ergibt 54.

b) Das Doppelte einer Zahl ist –111.

c) Das Fünffache einer Zahl vermindert um $\frac{7}{2}$ ergibt $\frac{3}{2}$.

d) Wenn man 11,3 von dem Quadrat einer Zahl subtrahiert, erhält man 157,7.

e) Wenn man 1 zu einem Drittel der gesuchten Zahl addiert, erhält man –110.

8 Michael geht mit seinem Vater in den Zoo. Die Eintrittskarte des Vaters kostet dreimal so viel wie Michaels. Zusammen bezahlen sie 12,80 Euro.

a) Wie viel hat Michaels Eintrittskarte gekostet, wie viel die seines Vaters? Stelle eine Gleichung auf und löse sie.

b) Am nächsten Wochenende gehen sie wieder in den Zoo, dieses Mal gehen auch Michaels Mutter und seine beiden Schwestern mit. Eine Familienkarte kostet 22,50 €. Lohnt es sich für die Familie, eine solche Karte zu kaufen?

c) Lohnt sich die Familienkarte auch, wenn die Eltern nur mit einem Kind in den Zoo gehen?

Äquivalenzumformungen

Mit Äquivalenzumformungen formst du eine Gleichung um, ohne die Lösungsmenge zu verändern. Mit ihrer Hilfe kannst du die Gleichung **„nach x auflösen“.** Folgendes sind Äquivalenzumformungen:

- beidseitige Addition (Subtraktion) der gleichen Zahl (des gleichen Terms)
- beidseitige Multiplikation mit einer von 0 verschiedenen Zahl
- beidseitige Division durch eine von 0 verschiedene Zahl

Beispiel:

$$\begin{aligned} 3 - x &= x + 4 \mid +x \\ 3 - x + x &= x + x + 4 \mid \text{zusammenfassen} \\ 3 &= 2x + 4 \mid -4 \\ 3 - 4 &= 2x + 4 - 4 \mid \text{zusammenfassen} \\ -1 &= 2x \mid :2 \\ -\frac{1}{2} &= x \\ L &= \{-\tfrac{1}{2}\} \end{aligned}$$

Beim Multiplizieren mit oder Dividieren durch eine negative Zahl wird in **Ungleichungen** das Relationszeichen umgekehrt.

9 Bestimme die Lösungsmenge über der Grundmenge $\mathbb{Q}$.

a) $12x - 7 = 149$

b) $-7x - 18{,}2 = 44{,}8$

c) $\frac{3}{2}x - \frac{9}{4} = \frac{3}{4} - \frac{1}{2}x$

d) $-x - 5x + 17 = x - 6{,}5$

e) $-25 = \frac{m}{4}$

f) $-0{,}5x - 4 = x + 8$

g) $2 \cdot (1 + x) = 11 - 2x$

h) $87 + 2 \cdot (x - 50) = 13 \cdot (13 + x) - 11x$

10 Gib die Lösungsmengen der Ungleichungen an.

a) $x - 17 < -2$

b) $21 + 2 \cdot (-7 + x) > 2 \cdot (3 + x)$

c) $-3{,}8 - 3x < 121{,}2 + 2x$

d) $5 \cdot (1{,}1 - x) \geq -40{,}5 - 2{,}7x$

Lineare Gleichungen

Gleichungen der Form $m \cdot x + c = b$ heißen **lineare Gleichungen.** Eine lineare Gleichung kann rechnerisch mithilfe von Äquivalenzumformungen (diese findest du auf S. 87) oder zeichnerisch mithilfe des Graphen der linearen Funktion $y = m \cdot x + c$ gelöst werden:

1. Zeichne den Graphen der linearen Funktion in ein Koordinatensystem. (Der Graph einer linearen Funktion ist eine Gerade.)
2. Lies ab, für welchen x-Wert man den gesuchten y-Wert erhält.

11 Löse die Gleichungen rechnerisch in deinem Übungsheft.

a) $1{,}5 \cdot x + 3{,}5 = 7{,}25$

b) $\frac{1}{2} \cdot x + 4 = \frac{9}{2}$

c) $2 \cdot x - 4 = 0$

d) $\frac{1}{2}x + 2 = 3$

e) $\frac{1}{3}x - 2 = 4$

f) $\frac{1}{2}x + 2 = -\frac{1}{2}$

12 Bestimme die Lösungen der Gleichungen zeichnerisch in deinem Übungsheft. Kann man zwei der Gleichungen mithilfe desselben Graphen lösen?

a) $3x - 1{,}5 = 7{,}5$

b) $-\frac{1}{2}x - 2 = -3$

c) $-3x = -9$

13 Löse die folgenden Gleichungen und Ungleichungen nach y auf.

a) $4y + 4 = 8x$

b) $-\frac{3}{4}x + y = 3$

c) $4x - 2y = 2$

d) $-\frac{1}{2} + y \leq -\frac{2}{3}x$

e) $4y - 6x - 3 > 0$

f) $-4 = -\frac{2}{4}x - y$

Lineare Gleichungssysteme (LGS)

Sind beide Gleichungen in der Form y = ... gegeben, wählt man das **Gleichsetzungsverfahren,** z. B.:

(I) $y = 3x - 6$; (II) $y = 4x + 7$: (I) und (II) gleich setzen: $3x - 6 = 4x + 7$; auflösen nach x: $x = -13$; einsetzen von x in (I) oder (II): $y = -45$; $L = \{(-13|-45)\}$.

Ist eine Gleichung bereits nach x oder y aufgelöst, wählt man das **Einsetzungsverfahren,** z. B.:

(I) $y = 3x + 8$, (II) $x + y = 12$: einsetzen von (I) in (II): $x + (3x + 8) = 12$; auflösen nach x: $x = 1$; einsetzen von x in (I) oder (II): $y = 11$; $L = \{(1|11)\}$.

Das **Additionsverfahren** ist für alle LGS durchführbar. Jede Gleichung wird so umgeformt, dass ein Koeffizient der ersten Gleichung und der entsprechende Koeffizient der zweiten Gleichung Gegenzahlen sind, z. B.:

(I) $4x - 4y = 28$; (II) $-2x - 3y = -4$: multiplizieren von (II) mit 2:
(I) $4x - 4y = 28$; (II) $-4x - 6y = -8$; Addieren der beiden Gleichungen liefert eine dritte Gleichung mit nur einer Variablen:

$$\begin{array}{lrl} \text{(I)} & 4x - 4y & = 28 \\ \text{(II)} & -4x - 6y & = -8 \\ \hline \text{(III)} & 0x - 10y & = 20 \end{array} \quad \text{(I)} + \text{(II)}$$

Nach dieser Variablen auflösen: $y = -2$; einsetzen in (I) oder (II): $x = 5$; $L = \{(5|-2)\}$.

14 Löse die LGS zeichnerisch, indem du beide Gleichungen als Funktionen auffasst, die beiden Graphen zeichnest und ihren Schnittpunkt bestimmst.

a) (I) $y = 2x - 3$
(II) $y = -\frac{1}{2}x + 2$

b) (I) $x + y = 1$
(II) $3y + 3x = 6$

c) (I) $5x + 2y = 9$
(II) $4y + 10x = 18$

15 Löse die LGS mithilfe des Additionsverfahrens. Forme dazu gegebenenfalls die Gleichungen so um, dass immer eine Variable bei Addition der Gleichungen eliminiert wird.

a) $3x + y = 5$
$2x - 2y = 6$

b) $2x + 14y = 102$
$8x - 34y = 48$

c) $-4y - 6x = -10$
$14x + 8y = 42$

16 **Löse die LGS mit dem Einsetzungsverfahren.**

a) $x = 2y - 1$
$3x - y = 12$

b) $x = 1 - y$
$-2x - 2y = -2$

c) $2x = 8 + 2y$
$2x - 4y = -6$

17 **Löse folgende Gleichungssysteme mit dem Gleichsetzungsverfahren.**

a) (I) $10x + 4 = 4y - 8$
(II) $12x - 3 = 4y - 8$

b) (I) $6x + 7{,}5 = \frac{1}{2}y$
(II) $4x - 0{,}5 = \frac{1}{2}y$

c) (I) $1{,}5y = 15 - 2{,}5x$
(II) $1{,}5y = 2x - 1{,}5$

d) (I) $7x = \frac{3}{4}y - 5$
(II) $7x = \frac{1}{2}y + 3$

18 **Löse die LGS. Entscheide, welches Verfahren geeignet ist.**

a) $13x - 2y = 20$
$2x + y = 7$

b) $4x + 2 = 6y$
$8x - 10y = 0$

c) $2y = 4x + 2$
$2y = -2x + 20$

19 **Bauer Schneider erzählt: „Ich habe in den Freigehegen Gänse und Ziegen. Es sind zusammen 45 Tiere mit 118 Beinen. Wer kann herausfinden, wie viele Gänse und wie viele Ziegen es sind, ohne nachzuzählen?“**

Quadratische Gleichungen I

Gleichungen der Form $x^2 - q = 0$ ($q > 0$) **(rein quadratische Gleichungen)** lassen sich mithilfe der 3. binomischen Formel durch „Wurzelziehen" lösen, z. B.:

$$x^2 - 49 = 0 \Leftrightarrow (x + 7)(x - 7) = 0;\ x_1 = 7 \text{ und } x_2 = -7;\ L = \{7; -7\}$$

Gleichungen der Form $x^2 + px = 0$ **(gemischt quadratische Gleichungen)** lassen sich durch Faktorisieren lösen, z. B.:

$$x^2 - 9x = 0 \Leftrightarrow x(x - 9) = 0;\ x_1 = 0 \text{ und } x_2 = 9;\ L = \{0; 9\}$$

(Der Wert eines Produktes ist null, wenn einer der Faktoren null ist.)

20 Löse durch „Wurzelziehen".

a) $x^2 = 81$
b) $169 - x^2 = 0$
c) $4x^2 - 100 = 0$
d) $x^2 + 144 = 0$
e) $10x^2 = 90$
f) $(x + 7)^2 - 3 = 1$

21 Löse durch Faktorisieren.

a) $7x^2 - 35x = 0$
b) $-8x^2 + 4x = 0$
c) $5{,}5x^2 + 11x = 0$
d) $x^2 = -12x$

22 Löse mit Hilfe der 1. oder 2. binomischen Formel.

a) $x^2 + 16x + 64 = 0$
b) $x^2 + 81 = 18x$
c) $5x^2 + 5 = 10x$
d) $x^2 + 144 = 24x$

23 Bestimme die Lösungen folgender quadratischer Gleichungen zeichnerisch. Fasse dazu die linke und die rechte Seite jeweils als Funktionsterm auf.

Beispiel: $2x^2 + 2x - 4 = 0$: $x^2 = -x + 2$; $f(x) = x^2$ und $g(x) = -x + 2$

a) $x^2 - 9 = 0$
b) $x^2 - 2x = 0$
c) $x^2 - x - 6 = 0$
d) $x^2 + 1{,}5x - 1 = 0$
e) $x^2 + 0{,}5x - 1{,}5 = 0$
f) $x^2 + x - 3{,}75$

Bruchgleichungen

Die **Definitionsmenge** für Bruchgleichungen darf nur Zahlen enthalten, für die die Nenner ungleich Null sind.

So löst du **Bruchgleichungen:**

Beispiel: $\frac{x}{x^2-4} = \frac{3}{x+2}$

1. Bestimme den Hauptnenner: $(x-2)(x+2)$
2. Multipliziere beide Seiten der Gleichung mit dem Hauptnenner: $\frac{x(x-2)(x+2)}{x^2-4} = \frac{3(x-2)(x+2)}{x+2}$
3. Kürze so weit wie möglich, dadurch verschwinden die Nenner: $x = 3(x-2)$
4. Löse die Gleichung nach x auf: $x = 3$; $L = \{3\}$

24 Gib jeweils die maximale Definitionsmenge an. Vereinfache anschließend die Funktionsterme.

a) $f(x) = \frac{3}{2x} + \frac{13}{2x}$

b) $f(x) = \frac{2}{x} + \frac{5}{3x}$

c) $f(x) = \frac{3x}{2x}$

d) $f(x) = \frac{x-7}{x-2} + \frac{x-7}{x+2}$

25 Bestimme jeweils die Lösungsmenge der Bruchgleichung.

a) $\frac{x-5}{3} - \frac{x+8}{x} = -\frac{8}{x}$

b) $\frac{x-2}{x+2} = \frac{x+1}{x-1} - \frac{9}{5}$

c) $\frac{3x^2+25}{x^2-25} = \frac{2x}{x-5} - \frac{5-x}{5+x}$

26 Löse die folgenden Bruchgleichungen durch Überkreuzmultiplikation.

a) $\frac{3}{x-1} = \frac{2}{x-2}$

b) $\frac{x+1}{x-5} = \frac{x+1}{x+6}$

c) $\frac{4-8x}{3-6x} = \frac{4x+8}{3x+6}$

8.–9. KLASSE

LGS mit drei Variablen

Um ein LGS mit drei Gleichungen und drei Variablen zu lösen, eliminiert man (mithilfe des Additions- oder des Einsetzungsverfahrens) aus einer Gleichung **keine** Variable, aus der zweiten Gleichung **eine** Variable und aus der dritten Gleichung **zwei** Variablen. Man bringt das LGS in die so genannte Dreiecksform, z. B.:

(I) $\mathbf{x + 2y - 2z = 12}$

(II) $0 + \mathbf{2y + 3z = 0}$

(III) $0 + 0 \mathbf{- 3z = 6}$

(III) lässt sich nun nach z auflösen: $z = -2$; durch Einsetzen in (II) erhält man $y = 3$; durch Einsetzen in (I) erhält man $x = 2$; $L = \{(2;3;-2)\}$

27 Löse die folgenden linearen Gleichungssysteme.

a) (I) $x + y + z = 18$
(II) $2y - z = 3$
(III) $z = 7$

b) (I) $x + y + z = 2$
(II) $2x + y = 5$
(III) $2y = -3z$

c) (I) $x + 2y - z + 3 = 0$
(II) $4x - y = z$
(III) $2(2x + z) + y = 12$

d) (I) $x + y - z = 7$
(II) $2x - y + z = 8$
(III) $3x + 2y - z = 20$

28 Gibt es einen Quader, dessen Grundfläche den Umfang 10 cm, dessen Vorderfläche den Umfang 12 cm und dessen Seitenfläche den Umfang 8 cm hat?

29 Ein Junge wird gefragt, wie alt er sei und wie alt seine Eltern seien. Er antwortet verschmitzt: „Vor vier Jahren war mein Vater dreimal so alt, wie ich jetzt bin. Meine Mutter wird in sieben Jahren doppelt so alt sein, wie ich dann sein werde. Wenn man heute mein Alter und das meiner Eltern zusammenzählt, so ergeben sich 89 Jahre.“

Quadratische Gleichungen II

Quadratische Gleichungen **der allgemeinen** Form $ax^2 + bx + c = 0$ müssen zunächst in die **Normalform** $x^2 + px + q = 0$ überführt werden. Dann lassen sie sich mithilfe des Verfahrens der **quadratischen Ergänzung** lösen.

Beispiel: $x^2 + 10x + 21 = 0$: Hier ist $p = 10$; $q = 21$.
$x^2 + 10x + 21 = 0$: das absolute Glied auf die rechte Seite bringen: $x^2 + 10x = -21$; quadratische Ergänzung (auf beiden Seiten $\left(\frac{p}{2}\right)^2$ addieren, also $+5^2$): $x^2 + 10x + 5^2 = 5^2 - 21$; 1. binomische Formel: $(x + 5)^2 = 4$; $x_1 = -3$; $x_2 = -7$; $L = \{-3; -7\}$

Alternativ lassen sich quadratische Gleichungen in der Normalform mithilfe der **p-q-Formel** lösen. Die Lösungen x_1 und x_2 sind dann:

$$x_1 = -\frac{p}{2} + \sqrt{\left(\frac{p}{2}\right)^2 - q};\ x_2 = -\frac{p}{2} - \sqrt{\left(\frac{p}{2}\right)^2 - q}$$

Satz von Vieta: Sind x_1 und x_2 die Lösungen der quadratischen Gleichung $x^2 + px + q = 0$, so gilt: $x_1 + x_2 = -p$ und $x_1 \cdot x_2 = q$

30 Die quadratische Gleichung ist jeweils in der Produktdarstellung angegeben. Notiere die zugehörige allgemeine Form und gib die Lösungen an, ohne zu rechnen.

a) $(x - 2)(x - 3) = 0$ **b)** $(x + 5)(x - 8) = 0$

31 Wandle die quadratische Gleichung in die Normalform um.

a) $3x^2 - 3x + 2 = 0$ **b)** $-x^2 + 17x - 5 = 0$
c) $2x(x - 1) = 4(x + 9)$ **d)** $0{,}5x^2 - 1{,}5x + 4 = 0$

32 Prüfe mithilfe des Satzes von Vieta, ob die angegebene Lösungsmenge der quadratischen Gleichung richtig ist.

a) $x^2 + 4x - 5 = 0$; $x_1 = 1$; $x_2 = -5$
b) $x^2 + 2x = -8$; $x_1 = 2$; $x_2 = -4$

33 Löse mithilfe der p-q-Formel.

a) $x^2 + 8x + 7 = 0$ **b)** $x^2 - x - 20 = 0$
c) $2x^2 - 20x - 192 = 0$ **d)** $x^2 + 6x + 5 = 0$
e) $12x^2 - 24x = 36$ **f)** $2x^2 - 10x + 12 = 0$

34 **Welche Gleichungen können direkt mithilfe der 1. oder 2. binomischen Formel gelöst werden? Löse die übrigen mithilfe der quadratischen Ergänzung.**

a) $x^2 + 7x + 49 = 0$
b) $x^2 - 4x + 5 = 0$
c) $8x = -16 - x^2$
d) $x^2 + 8x + 8 = 0$
e) $8 = x^2 + 2x$
f) $x^2 - 2x + 1 = 0$
g) $x^2 - 6x + 9 = 0$
h) $4x^2 - 12x + 9 = 0$
i) $x^2 + 8x - 20 = 0$
j) $x^2 + 5x - 6 = 0$
k) $x^2 + 8x = -12$

35 **Ein schmales rechteckiges Gartenstück hat die Seitenlängen 2,5 m und 8,1 m. Berechne die Seitenlängen eines quadratischen Gartenstücks, das den gleichen Flächeninhalt hat.**

Quadratwurzelgleichungen

Lösen von Wurzelgleichungen in vier Schritten, z. B.:

$\sqrt{(x+7)} - 3 = 0$; $D = \{x | x \geq -7\}$
1. Wurzel isolieren: $\sqrt{(x+7)} = 3$
2. beide Seiten der Gleichung quadrieren: $x + 7 = 9$
3. nach x auflösen: $x = 2$; $L = \{2\}$
4. Probe durchführen: $\sqrt{(2+7)} - 3 = \sqrt{9} - 3 = 0$

Die Probe ist wichtig, da quadrieren **keine Äquivalenzumformung** ist und du somit „Ergebnisse" erhalten kannst, die die Gleichung nicht lösen! Kommen mehrere Wurzeln vor, musst du das Schema mehrfach anwenden.

36 Berechne die Lösungsmenge. Führe eine Probe durch.

a) $\sqrt{x} = 9$

$L = \{\_\_\_\_\_\_\}$

b) $4 = \sqrt{6 + 4x}$

$L = \{\_\_\_\_\_\_\}$

c) $5 + 4 \cdot \sqrt{2 - 3x} = 21$

$L = \{\_\_\_\_\_\_\}$

d) $\sqrt{3x + 4} = \sqrt{2x + 8}$

$L = \{\_\_\_\_\_\_\}$

e) $x + 3 = \sqrt{x^2 + 18}$

$L = \{\_\_\_\_\_\_\}$

f) $2x + 2 \cdot \sqrt{4x^2 - 6} = 0$

$L = \{\_\_\_\_\_\_\}$

37 Berechne die Lösungsmenge durch mehrfaches Quadrieren.

a) $\sqrt{4x + 9} = 1 + 2 \cdot \sqrt{x}$

b) $\sqrt{10 - x} = 4 - \sqrt{x}$

c) $3 + \sqrt{x - 21} = \sqrt{x}$

38 Bestimme die Lösungsmenge der Gleichungen für beliebiges $t \in \mathbb{R}$. Gib an, für welche Werte von t die Gleichung lösbar ist.

a) $\sqrt{x} - t = 0$

$L = \{\_\_\_\_\_\_\}$

$t \geq$ ______

b) $\sqrt{x} = -t$

$L = \{\_\_\_\_\_\_\}$

t ______

c) $\sqrt{x + 2} - t = 0$

$L = \{\_\_\_\_\_\_\}$

t ______

9.–10. KLASSE

Exponential- und Logarithmengleichungen

Eine Gleichung, in der die Variable im Exponenten steht, heißt **Exponentialgleichung.** Sie wird durch Logarithmieren gelöst.

Beispiel: $3^x = 81$
1. von beiden Seiten den Zehnerlogarithmus bilden: $\lg 3^x = \lg 81$
2. mithilfe der Logarithmengesetze umformen: $x \cdot \lg 3 = \lg 81$
3. nach x auflösen: $x = \frac{\lg 81}{\lg 3} = 4$

Eine Gleichung, in der die Variable im Argument der Logarithmusfunktion vorkommt, heißt **Logarithmengleichung.**

Beispiel: $\lg(x+7)^2 = 4$
1. umformen mithilfe der Logarithmengesetze:
$2 \cdot \lg(x+7) = 4 \Leftrightarrow \lg(x+7) = 2$
2. beide Seiten „10 hoch …":
$10^{\lg(x+7)} = 10^2 \Leftrightarrow x + 7 = 10^2 = 100$ (weil $10^{\lg(x+7)} = x + 7$)
3. nach x auflösen: $x = 93$

39 Löse die Gleichungen. Vergiss die Probe nicht.

a) $5^x = 21$
b) $100^x = 2$
c) $0{,}5^x = 12$
d) $2{,}3^x = 0{,}3$
e) $\left(\frac{2}{3}\right)^x = 5$
f) $5^x = 20$
g) $17^x = 13$
h) $0{,}1^x = 21$
i) $7{,}2 \cdot 5^{x-3} = 2{,}6$
j) $0{,}4 \cdot 5{,}2^{2x-3} = 1$
k) $\lg\sqrt{2x+7} = 3$
l) $\lg(1-x) = 0{,}3$

40 Unter idealen Bedingungen wächst die Braunalge wöchentlich um 40 %. Zu Beginn der Beobachtung war sie 0,75 cm groß. Das Wasser ist an dieser Stelle 30 cm tief. In wie vielen Wochen …

a) hat die Braunalge ihre Länge verdoppelt?
b) hat die Braunalge ihre Länge verdreifacht?
c) ist die Braunalge an die Oberfläche gelangt?

4.2 Funktionen

Proportionale und indirekt proportionale Zuordnungen

Bei einer **proportionalen Zuordnung** wird das Doppelte (Dreifache, Vierfache, ...) der ersten Größe x dem Doppelten (Dreifachen, Vierfachen, ...) der zweiten Größe y zugeordnet: $y = m \cdot x$

Beispiel: Wenn ein Ticket 2 € kostet, kosten 2 Tickets 2 € · 2 = 4 €, drei Tickets 2 € · 3 = 6 €, usw. x entspricht hier der Anzahl der Tickets, y dem Gesamtpreis und m dem Einzelpreis von 2 €.

Bei einer **indirekt proportionalen** Zuordnung wird dem Doppelten (Dreifachen, Vierfachen, ...) der ersten Größe x die Hälfte (ein Drittel, ein Viertel, ...) der zweiten Größe y zugeordnet: $y = \frac{k}{x}$ (mit $x \neq 0$)

Beispiel: Wenn ein Gruppenticket 12 € kostet, aber von nur einer Person genutzt wird, zahlt sie 12 €. Reisen sie zu zweit, zahlt jeder 12 € : 2 = 6 €; drei Personen zahlen jede 12 € : 3 = 4 €, usw. x entspricht hier der Anzahl der Mitfahrer, y dem Preis pro Person und k dem Ticketpreis von 12 €.

41 Bei einem Metzger werden Frikadellen zu 1,25 € das Stück angeboten.

a) Wie viel kosten 15 (20; 25; 35) Frikadellen? Vervollständige die Tabelle. Um welchen Zuordnungstyp handelt es sich bei der Zuordnung *Anzahl der Frikadellen → Preis*? Gib die Zuordnungsvorschrift an und zeichne den Graphen in ein Koordinatensystem.

Anzahl Frikadellen	1				
Preis in €					

b) Ein Verein hat Frikadellen für 60 € bestellt. Wie viel bezahlt jeder, wenn sich 15 (20; 25; 30) Personen beteiligen? Vervollständige die Tabelle. Um welchen Zuordnungstyp handelt es sich bei der Zuordnung *Anzahl der Personen → Kosten pro Person*? Gib die Zuordnungsvorschrift an und zeichne den Graphen.

Anzahl Personen	1				
Kosten pro Person in €					

Zuordnungen und ihre Graphen

Zuordnungen können auf verschiedene Weise dargestellt werden, z. B. durch ein Pfeildiagramm, eine Tabelle, ein Säulendiagramm (gut geeignet, um Größenverhältnisse darzustellen) oder als Graph in einem Koordinatensystem (gut geeignet, um Verläufe und Zusammenhänge darzustellen).

42 Die Schüler der Klasse 7b haben die Zuordnung *Hobby → Anzahl der Schüler ihrer Klasse* in einem Pfeildiagramm dargestellt. Jeder Schüler hat nur ein Hobby.

a) Wie viele Schüler sind in der Klasse 7b?

b) Stelle die Zuordnung des Pfeildiagramms in einem Säulendiagramm dar.

Fußball	→	10
Karate	→	3
Computerspiele	→	5
Musizieren	→	4
Lesen	→	2

43 Der Wasserstand eines Gartenteiches ändert sich durch Versickern und Regen täglich. Die Tabelle gibt an, um wie viele Zentimeter (cm) der Wasserstand an unterschiedlichen Tagen von der durchschnittlichen Wasserhöhe abweicht. Zeichne den Graphen der Zuordnung *Tag → Wasserstand* in ein Koordinatensystem.

Tag	1	3	5	7	9	11	13	15
Wasserstand (in cm)	+15	+7,5	+2,5	0	−7,5	−12,5	−5	+5

Lies aus dem Graphen ab, …

a) an welchen Tagen der Wasserstand unter/über dem durchschnittlichen Wert lag.

b) an welchen Tagen der Wasserstand genau dem durchschnittlichen Wert entsprach.

c) wie hoch der ungefähre Wasserstand am 4. Tag bzw. am 10. Tag war.

d) in welchen Zeiträumen der Wasserstand gestiegen bzw. gefallen ist.

44 Die folgenden Graphen zeigen den Verlauf eines 3000-Meter-Laufes von mehreren Teilnehmerinnen. Beschreibe die Läufe mithilfe der Fragen.

a) Wer war die Schnellste?

b) Wer hat während der gesamten Zeit die Geschwindigkeit beibehalten?

c) Wer ist schnell gestartet, dann aber langsamer geworden?

d) Wer ist nach einem langsamen Start kontinuierlich schneller geworden?

e) Wer hat das Ziel nicht erreicht?

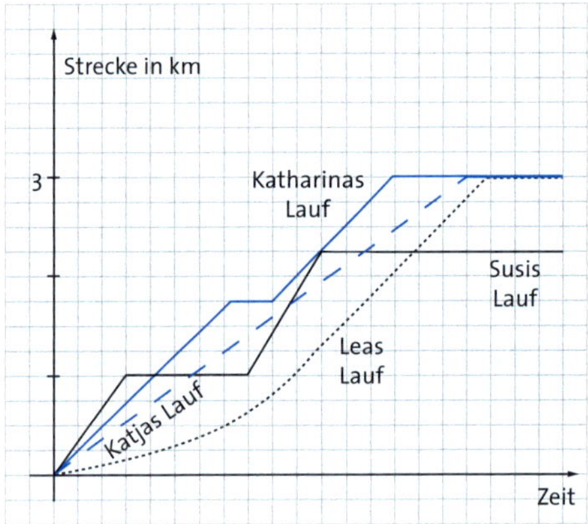

Lineare Funktionen

Lineare Funktionen sind Funktionen, deren Graphen Geraden sind. Ihre Funktionsgleichung hat die Form: $y = f(x) = m\,x + b$; wobei m die Steigung der Geraden ist und b der Schnittpunkt mit der y-Achse.

Für $m > 0$ ist die Gerade steigend,

für $m < 0$ ist die Gerade fallend,

für $m = 0$ ist die Gerade parallel zur x-Achse.

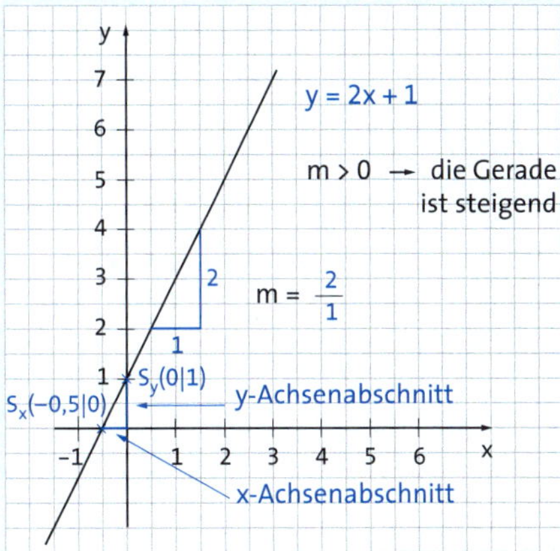

45 **Überprüfe rechnerisch, welcher Punkt zum Graphen der jeweiligen Funktion gehört, und kreuze die passenden Funktionen an.**

	$y = -\frac{4}{3}x + 3$	$y = \frac{4}{5}x - \frac{1}{2}$	$y = -1$
$A(1{,}5\|1)$	☐	☐	☐
$B(-1\|-1)$	☐	☐	☐
$C(0\|5)$	☐	☐	☐
$D(-\frac{5}{8}\|-1)$	☐	☐	☐

46 **Kreuze alle Funktionsgleichungen an, die zu einer linearen Funktion gehören.**

☐ $x = 0$ ☐ $y = 0$ ☐ $2x - 3y = 6$ ☐ $3xy = 9$

☐ $y - 2x - 0$ ☐ $x - 6y$ ☐ $y = 6$ ☐ $y = x^2 - 8$

7.–8. KLASSE

47 **Welche Gleichung gehört zu welcher Geraden? Verbinde die Paare durch Pfeile.**

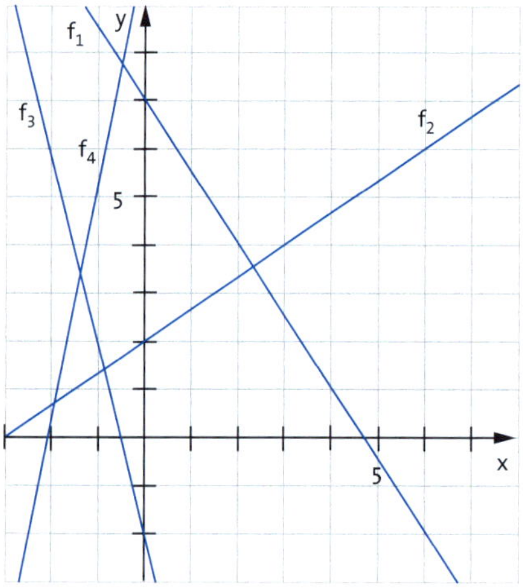

Funktionsgleichung	zugehöriger Graph
$y = \frac{2}{3}x + 2$	f_1
$y = -4x - 2$	f_2
$y = 5x + 10$	f_3
$y = -\frac{3}{2}x + 7$	f_4

48 **Zeichne die Graphen der Funktionen in ein gemeinsames Koordinatensystem.**

a) $y = 2x - 3$

b) $y = -\frac{3}{2}x - 2$

c) $y = \frac{1}{4}x + 4$

d) $y = -2x + 1{,}5$

49 **Der Punkt P liegt auf dem Graphen der Funktion. Berechne jeweils seine fehlende Koordinate.**

a) $y = 4x - 6$
P(3|_____)

b) $y = -2x + 2{,}5$
P(_____|−1)

c) $y = \frac{1}{2}x + 4$
P(_____|−4)

50 **Berechne die Geradensteigungen der Geraden, die durch folgende Punkte verlaufen.**

a) $P_1(4|7)$; $P_2(-2|-5)$

b) $P_1(-3|2)$; $P_2(7|1)$

c) $P_1(6|8)$; $P_2(-9|7)$

d) $P_1(-3|2)$; $P_2(0|2)$

7.-8. KLASSE

Funktionen und ihre Graphen

Eine **Funktion** ist eine Zuordnung, bei der jedem Element der Definitionsmenge **genau** ein Element der Wertemenge zugeordnet wird.

Der **Graph** einer Funktion kann u. a. sein:

- **achsensymmetrisch** zur Achse a; **punktsymmetrisch** zum Punkt P;
- **monoton steigend:** bei steigenden x-Werten werden auch die zugeordneten y-Werte größer oder bleiben gleich;
- **monoton fallend:** bei steigenden x-Werten werden die zugeordneten y-Werte kleiner oder bleiben gleich.

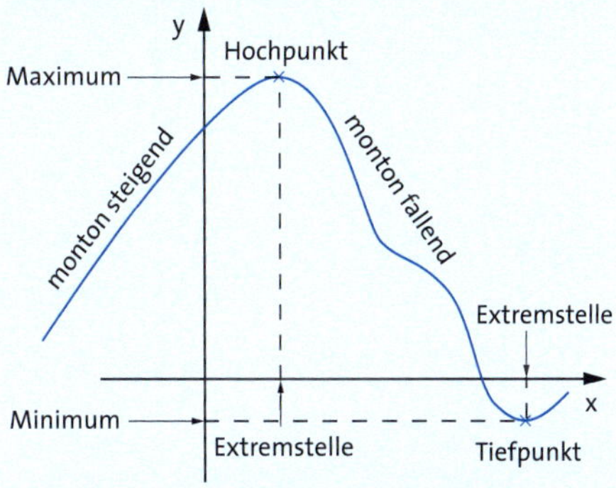

51 Welche der folgenden Darstellungen sind Darstellungen von Funktionen? Begründe deine Antwort.

a)

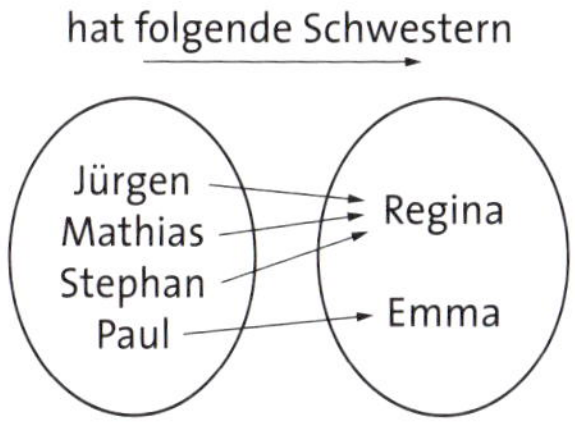

b)

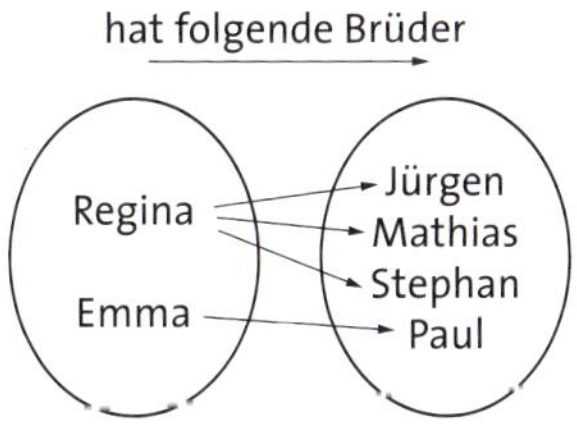

c)

x	y
3	5
7	3
12	17
–3	9
3	8
17	18
20	40

d)

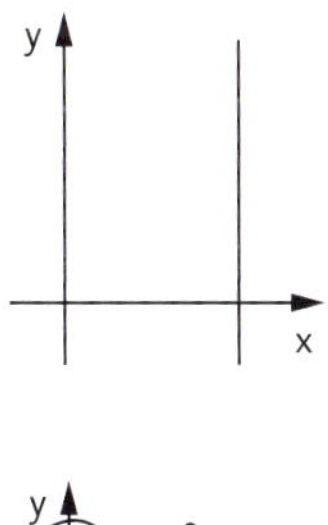

e)

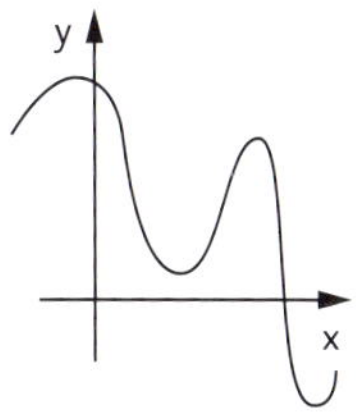

f)

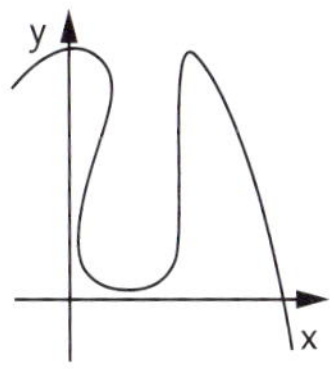

52 Sieh dir den Funktionsgraphen genau an.

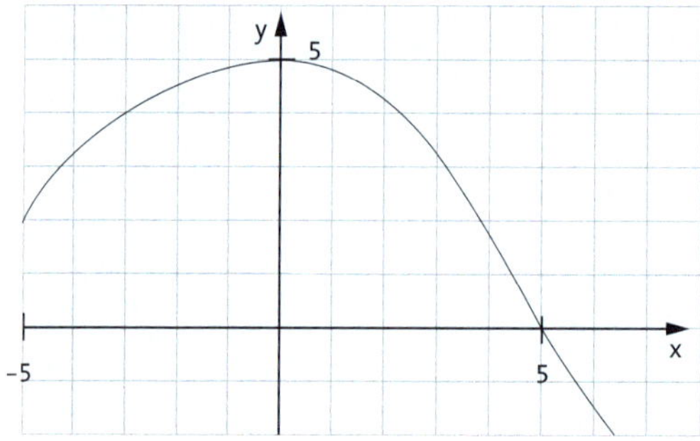

a) Wo ist der Graph steigend bzw. fallend?
b) Kann man einen Hochpunkt erkennen?
c) Kann man einen Tiefpunkt erkennen?
d) Gib den Schnittpunkt mit der x-Achse an.
e) Gib den Schnittpunkt mit der y-Achse an.
f) Ist der Graph im abgebildeten Intervall achsensymmetrisch?

53 Bearbeite folgende Aufgabe im Übungsheft. Sybille will vor ihrem Urlaub Geld wechseln. Bei der Bank erhält sie 7,5 DK (Dänische Kronen) für 1 €.

a) Welche Größen werden einander zugeordnet?
b) Welche Größe soll die unabhängige Größe (x-Achse) sein?
c) Welche Größe soll die abhängige Größe (y-Achse) sein?
d) Gib die Funktionsgleichung an. Um was für eine Funktion handelt es sich?
e) Zeichne ein Koordinatensystem in dein Heft. Beschrifte die Achsen und überlege dir eine sinnvolle Einteilung. Lege eine Tabelle an und zeichne anschließend den Graphen.

Darstellen quadratischer Funktionen

Eine Funktion mit der Funktionsgleichung $f(x) = ax^2 + bx + c$ mit $a \neq 0$ heißt **quadratische Funktion.** Ihr Funktionsgraph heißt **Parabel.**

Der Graph der Funktion $f(x) = x^2$ heißt **Normalparabel** (NP).

Die Parabel einer Funktion $f(x) = x^2 + e$ entspricht einer NP, die entlang der y-Achse verschoben ist; nach oben für $e > 0$ und nach unten für $e < 0$.

Die Parabel einer Funktion $f(x) = (x - d)^2$ entspricht einer NP, die entlang der x-Achse verschoben ist; nach rechts für $d > 0$ und nach links für $d < 0$.

Die Parabel einer Funktion $f(x) = ax^2$ ist
- **gestreckt** für $|a| > 1$,
- **gestaucht** für $|a| < 1$,
- **nach oben geöffnet** für $a > 0$,
- **nach unten geöffnet** für $a < 0$.

54 Gegeben sind die Funktionen $f_1(x) = x^2$, $f_2(x) = \frac{1}{2}x^2$ und $f_3(x) = 2x^2$.

a) Erstelle jeweils eine Wertetabelle mit den x-Werten −4; −3,5; −3; ...3; 3,5; 4.

b) Zeichne die Graphen der Funktionen in ein Koordinatensystem. (1 Einheit entspricht 1 cm)

55 Folgende Funktionsgleichungen sind gegeben. Gib jeweils an, ob die Parabel nach oben oder nach unten geöffnet ist, ob sie enger (gestreckt) oder weiter (gestaucht) ist als die Normalparabel. Kreuze an.

	nach oben geöffnet	nach unten geöffnet	gestreckt	gestaucht
a) $f_a(x) = -\frac{3}{4}x^2$	☐	☐	☐	☐
b) $f_b(x) = 4x^2$	☐	☐	☐	☐
c) $f_c(x) = 0{,}7x^2$	☐	☐	☐	☐
d) $f_d(x) = -3x^2$	☐	☐	☐	☐
e) $f_e(x) = \frac{1}{2}x^2$	☐	☐	☐	☐

56 **Die Graphen von f_a, f_b, f_c und f_d sind jeweils Verschiebungen der NP. Gib zu jedem Graphen den Funktionsterm an.**

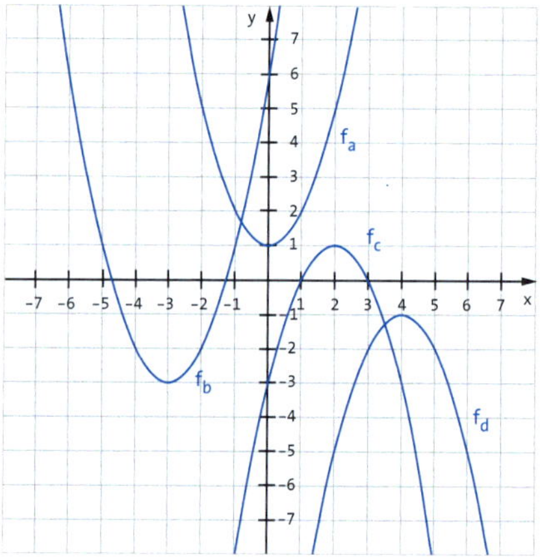

a) $f_a(x) =$ ____________________

b) $f_b(x) =$ ____________________

c) $f_c(x) =$ ____________________

d) $f_d(x) =$ ____________________

57 **Beschreibe die Graphen der folgenden quadratischen Funktionen (Streckung, Stauchung, Verschiebung usw.). Benenne jeweils den Scheitelpunkt.**

a) $f(x) = 4x^2$ S (___|___)

b) $f(x) = \frac{1}{4}x^2 - 2$ S (___|___)

c) $f(x) = -2(x-1)^2 - 4$ S (___|___)

d) $f(x) = -\frac{2}{3}x^2 + \frac{1}{2}$ S (___|___)

8. KLASSE

Gebrochenrationale Funktionen

Funktionen, deren Funktionsterm ein Bruchterm ist, heißen **gebrochenrationale Funktionen.** Da der Nenner eines Bruchterms nicht null werden darf, muss die Definitionsmenge entsprechend eingeschränkt werden. Die Definitionsmenge ist also $\mathbb{Q}$ ohne die Nullstellen des Nenners.

Beispiel: $f(x) = \frac{x-6}{3x-6}$.

Um die **Nullstelle** des Nenners zu bestimmen, wird er gleich null gesetzt und die Gleichung nach x aufgelöst: $3x - 6 = 0$; $x = 2$
Die Definitionsmenge ist also $D_f = \mathbb{Q} \setminus \{2\}$.

58 Betrachte die folgenden Funktionen:
$f_1(x) = \frac{2x}{x-4}$; $f_2(x) = \frac{-3+4x}{2x}$

a) Bestimme die jeweilige Definitionsmenge.

b) Erstelle für beide Funktionen eine Wertetabelle mit den x-Werten −5; −4; ...; 5.

c) Zeichne die jeweiligen Funktionsgraphen in ein gemeinsames Koordinatensystem.

d) Lies den Schnittpunkt der Funktionsgraphen ab. Setze anschließend die abgelesene x-Koordinate des Schnittpunktes als Wert für x in einen der beiden Funktionsterme ein. Was fällt dir auf?

59 Betrachte die folgenden Funktionen:

(1) $f_1(x) = \frac{3x+5}{x+4}$; $f_2(x) = \frac{3x-5}{x-4}$

(2) $f_1(x) = \frac{3}{x}$; $f_2(x) = \frac{3x}{x-\frac{1}{4}}$

Bestimme die jeweilige Definitionsmenge. Berechne die Schnittpunkte der Funktionsgraphen.

Quadratische Funktionen – Normalform und Scheitelpunktform

Allgemeine Form der quadratischen Funktion: $f(x) = ax^2 + bx + c$

Scheitelpunktform: $f(x) = (x - d)^2 + e$. Der Scheitelpunkt $S(d|e)$ kann direkt aus dem Funktionsterm abgelesen werden.

Normalform: $f(x) = x^2 + px + q$

Mithilfe der **quadratischen Ergänzung** lässt sich die Normalform in die Scheitelpunktform überführen:

$$x^2 + px + q = x^2 + px + \left(\frac{p}{2}\right)^2 - \left(\frac{p}{2}\right)^2 + q = \left(x + \frac{p}{2}\right)^2 + \left(q - \left(\frac{p}{2}\right)^2\right)$$

Beispiel: $f(x) = x^2 + 6x + 5$: quadratische Ergänzung:

$$f(x) = x^2 + 6x + \left(\frac{6}{2}\right)^2 - \left(\frac{6}{2}\right)^2 + 5 = (x + 3)^2 - 4$$

Die allgemeine Form lässt sich entsprechend in die allgemeine Scheitelpunktform $f(x) = a(x - d)^2 + e$ überführen.

Beispiel: $f(x) = 2x^2 + 12x + 10$: Faktor $a = 2$ ausklammern:
$f(x) = 2(x^2 + 6x + 5)$; quadratische Ergänzung:

$$f(x) = 2\left(x^2 + 6x + \left(\frac{6}{2}\right)^2 - \left(\frac{6}{2}\right)^2 + 5\right) = 2(x + 3)^2 - 8$$

60 Bestimme jeweils den Scheitelpunkt der zugehörigen Funktionsgraphen. Zeichne mithilfe einer Schablone der Normalparabel die Graphen in ein Koordinatensystem in dein Übungsheft. (1 Einheit ≙ 1 cm)

a) $f(x) = (x - 2)^2$
b) $f(x) = (x + 3)^2$
c) $f(x) = (x - 1,5)^2$
d) $f(x) = (x + 1,25)^2$

61 Bestimme zum angegebenen Scheitelpunkt jeweils die Funktionsgleichung. Es handelt sich ausschließlich um verschobene Normalparabeln.

a) $S_a(-2,5|0)$
b) $S_b(0|\frac{17}{3})$
c) $S_c(0|-2)$
d) $S_d(3,2|0)$

62 Forme zu jeder der angegebenen Funktionen den Funktionsterm mithilfe von Äquivalenzumformungen so um, dass du den Scheitelpunkt des zugehörigen Graphen direkt ablesen kannst.

a) $f(x) = (x-1)(x+1)$
b) $f(x) = -3(x^2-1)$
c) $f(x) = \frac{x^2-2}{4}$
d) $f(x) = x^2 - 8x + 18$

63 Bestimme die Nullstellen der folgenden quadratischen Funktionen. Tipp: Überlege dir, was für die zu den Nullstellen gehörenden Funktionswerte gilt.

a) $f(x) = x^2 + 6x + 5$
b) $f(x) = x^2 + 6x + 11$
c) $f(x) = 2x^2 - 12x + 18$
d) $f(x) = x^2 + 2x - 3$

64 Überprüfe jeweils, ob die quadratische Funktion in der Normalform oder in der allgemeinen Form gegeben ist. Notiere entsprechend NF oder AF. Forme die Funktionsgleichungen anschließend in die Scheitelpunktform bzw. in die allgemeine Scheitelpunktform um. Gib den Scheitelpunkt an.

Beispiel 1: (NF)
$f(x) = x^2 + 6x + 5 = x^2 + 6x + 9 - 9 + 5 = (x+3)^2 - 4$; S (–3|–4)
Beispiel 2: (AF)
$f(x) = -0{,}5x^2 + x + 4 = -0{,}5(x^2 - 2x - 8) = -0{,}5(x-1)^2 + 4{,}5$; S (1|4,5)

a) $f(x) = x^2 + 4x + 3$
b) $f(x) = -3x^2 + 6x - 3$
c) $f(x) = -x^2 - 4x - 5$
d) $f(x) = x^2 - 2x + 1$

65 Der Graph einer allgemeinen quadratischen Funktion $f(x) = ax^2 + bx + c$ verlaufe durch die Punkte P (–1|23), Q (0|8), R (1|–1). Bestimme die Parameter a, b, c.

Wurzelfunktionen

Eine Funktion, deren Funktionsgleichung die Form $f(x) = \sqrt[n]{x^m}$ hat, heißt Wurzelfunktion ($x \geq 0$; $m, n \in \mathbb{N}$; $m \geq 1$; $n \geq 2$; m ist nicht durch n teilbar). Statt $f(x) = \sqrt[n]{x^m}$ kann man auch schreiben $f(x) = x^{\frac{m}{n}}$ – d. h., eine Wurzelfunktion ist eine Potenzfunktion mit einem positiven Bruch als Exponenten.

66 Welche Funktionsgleichungen gehören zu den Schaubildern? Begründe deine Zuordnung.

a) $f_1(x) = -\sqrt{x}$ b) $f_2(x) = \sqrt{x} + 2$

c) $f_3(x) = \sqrt{x + 2}$ d) $f_4(x) = \sqrt{4x}$

e) $f_5(x) = \frac{1}{2} \cdot \sqrt{x - 3}$ f) $f_6(x) = 2 \cdot \sqrt{x - 2} - 3$

1) 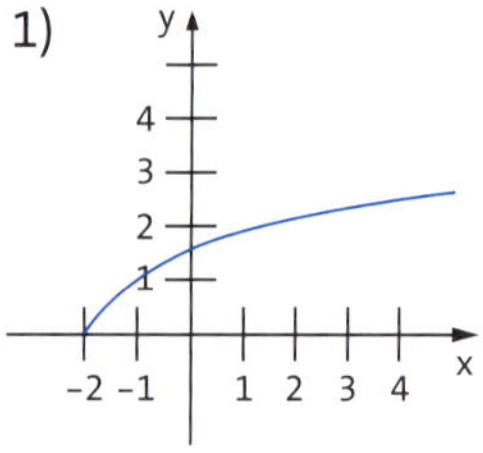

2) 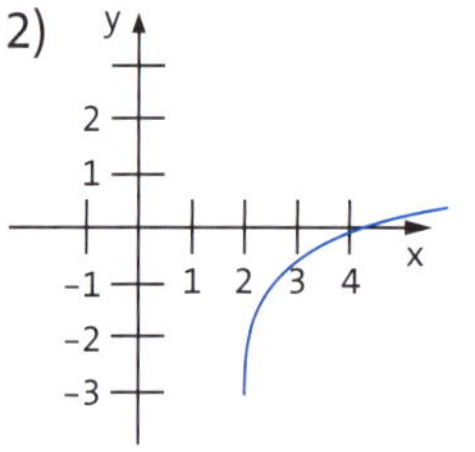

3) 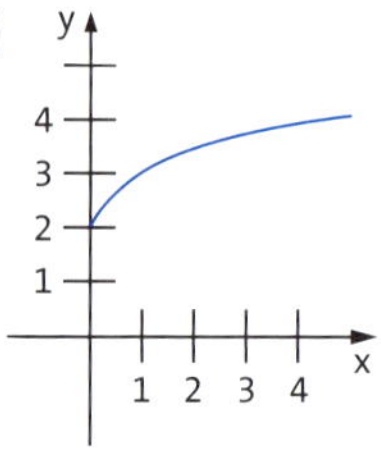

4) 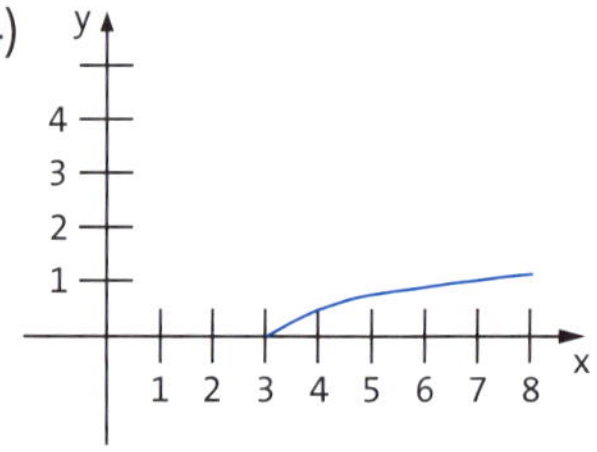

67 Zeichne die Schaubilder der angegebenen Funktionsgleichungen. Erstelle zunächst eine Wertetabelle.

a) $f(x) = \sqrt[3]{x^2}$ b) $g(x) = x^{\frac{3}{2}}$ c) $h(x) = 2 \cdot \sqrt[4]{x^3} + 1$

Umkehrfunktionen

Eine Funktion ist **umkehrbar,** wenn sie für verschiedene Argumente x_1 und x_2 auch verschiedene Funktionswerte $f(x_1)$ und $f(x_2)$ annimmt:
$f(x) = x$ ist umkehrbar, $f(x) = x^2$ aber nicht (für $D = \mathbb{R}$), da z. B. sowohl für $x = 2$ als auch für $x = -2$ gilt: $f(x) = 4$

Bildung der Umkehrfunktion zu einer Funktion:
Beispiel: $f(x) = x^2$ mit $D = \{x|x \geq 0\}$:
$y = x^2$ nach x auflösen: $x = \sqrt{y}$;
x und y vertauschen: $y = \sqrt{x}$

68 Welche Aussagen sind richtig? Kreuze an.

- ☐ Jede Funktion besitzt eine Umkehrfunktion.
- ☐ Man erhält den Graphen einer Umkehrfunktion $f^{-1}(x)$ zu $f(x)$ durch Spiegelung der Funktion an der 1. Winkelhalbierenden.
- ☐ Man muss zu jeder Umkehrfunktion die Definitionsmenge angeben.

69 Spiegle den Graphen der Funktion $f(x) = \sqrt{x-2}$ an der Winkelhalbierenden $y = x$. Bestimme die Funktionsgleichung der Umkehrfunktion g.

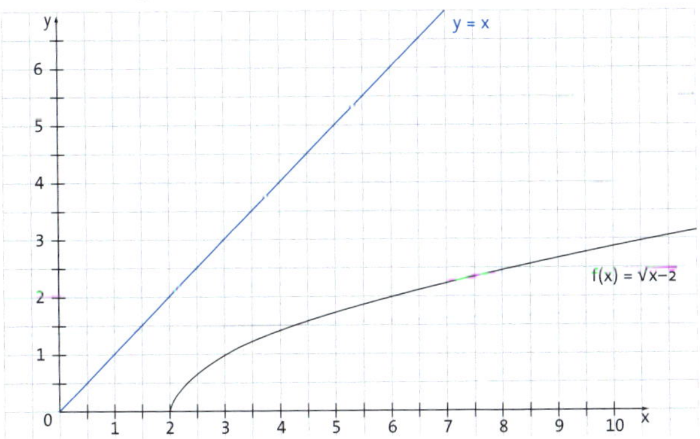

70 Berechne die Gleichung der Umkehrfunktion. Gib den Definitionsbereich an.

a) $f(x) = 3x$

b) $f(x) = 5x^2$

c) $f(x) = 2x^2 - 1$

d) $f(x) = (x-1)^2 + 3$

Potenzfunktionen

Eine Funktion, deren Funktionsgleichung die Form $f(x) = x^n$ ($x \in \mathbb{R}$; $n \in \mathbb{Z}$) hat, heißt **Potenzfunktion n-ten Grades.**

Beispiel: $f(x) = x^2$ ist eine Potenzfunktion 2. Grades.

Ist der Exponent n eine gerade Zahl, ist der Graph der Potenzfunktion achsensymmetrisch zur y-Achse, es gilt: $f(-x) = f(x)$; ist n eine ungerade Zahl, ist der Graph punktsymmetrisch zum Ursprung, es gilt: $f(-x) = -f(x)$

71 Untersuche die angegebenen Funktionen auf Achsen- oder Punktsymmetrie.

a) $f(x) = x^2$ b) $f(x) = 2x^3$

c) $f(x) = 3x^4$ d) $f(x) = 4x$

72 Ordne den Potenzfunktionen das passende Schaubild zu. Begründe deine Zuordnung. Es gilt überall k > 0.

a) $f_1(x) = x^{2k}$ b) $f_2(x) = x^{-2k}$

c) $f_3(x) = x^{2k+1}$ d) $f_4(x) = x^{-(2k+1)}$

1)
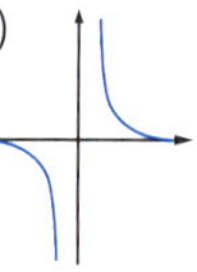

2)
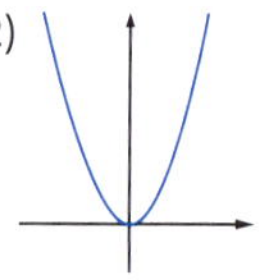

3)
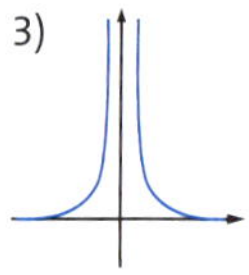

4)
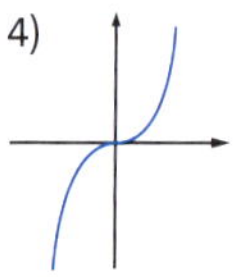

73 Die Punkte gehören zum Graphen der angegebenen Potenzfunktion. Bestimme die fehlende Koordinate.

a) $f(x) = x^3$	$P_1(\frac{1}{2}\|\_\_)$	$P_2(\_\_\|8)$	$P_3(\_\_\|-27)$
b) $f(x) = x^4$	$P_1(-2\|\_\_)$	$P_2(\_\_\|81)$	$P_3(\_\_\|0)$
c) $f(x) = x^{-1}$	$P_1(2\|\_\_)$	$P_2(\_\_\|-2)$	$P_3(-\frac{1}{10}\|\_\_)$
d) $f(x) = x^{-2}$	$P_1(-2\ \|\_\_)$	$P_2(\_\_\|4)$	$P_3(\_\_\|1)$

Wachstums- und Abklingvorgänge

Bei **linearem Wachstum** ist der Zuwachs einer Größe nach Verstreichen derselben Zeiteinheit gleich groß. Nach t ($t \in \mathbb{N}$) Zeiteinheiten gilt für den Bestand: $f(t) = m \cdot t + f(0)$ (m heißt Änderungsrate)

Bei einem **exponentiellen Wachstum** ist der Zuwachs der Größe jeweils nach Verstreichen derselben Zeiteinheit das a-Fache des vorherigen Bestandes (a ist eine feste Zahl). Nach t ($t \in \mathbb{N}$) Zeiteinheiten gilt für den Bestand: $f(t) = a^t \cdot f(0)$ (a heißt Wachstumsfaktor; bei Zerfallsprozessen ist $0 < a < 1$)

Beispiel: Wenn eine Bakterienkultur sich innerhalb einer Stunde verdreifacht, sind aus einer Bakterie nach vier Stunden bereits 81 Bakterien geworden: $a = 3$; $f(0) = 1$; $t = 4$: $f(4) = 3^4 \cdot 1 = 81$

74 Eine 10 cm lange Kerze wird angezündet. Beim Brennen wird sie stündlich um 1,3 cm kürzer.

a) Wie lang ist die Kerze nach einer, drei, neun Stunden?
b) Um welche Art Wachstum handelt es sich?
c) Gib die Wachstumsfunktion an.
d) Nach wie viel Stunden ist die Kerze nur noch 4 cm lang?
e) Zeichne den Graphen der Wachstumsfunktion.

75 Gib den Wachstumsfaktor a an.

a) 23 % Zunahme
b) 2,3 % Zunahme
c) Verdopplung
d) 66 % Abnahme
e) 300 % Zunahme
f) 0,02 % Abnahme

76 Schilddrüsenkrebs behandelt man mit radioaktivem Jod, das exponentiell zerfällt. Von 1 mg sind nach 1 h nur noch 0,75 mg im Körper vorhanden.

a) Gib die Wachstumsgleichung an.
b) Wie viel Jod ist nach 2 (5) Stunden noch im Körper?
c) Wann ist nur noch die Hälfte der 0,75 mg Jod vorhanden?

Trigonometrische Funktionen

Umrechnung des Winkels α ins **Bogenmaß:** $x = \frac{\alpha}{180°} \cdot \pi$

Sinussatz: $\frac{a}{b} = \frac{\sin\alpha}{\sin\beta}$; $\frac{a}{c} = \frac{\sin\alpha}{\sin\gamma}$; $\frac{b}{c} = \frac{\sin\beta}{\sin\gamma}$ bzw. $\frac{a}{\sin\alpha} = \frac{b}{\sin\beta} = \frac{c}{\sin\gamma}$

Kosinussatz:

$a^2 = b^2 + c^2 - 2bc \cdot \cos\alpha$

$b^2 = a^2 + c^2 - 2ac \cdot \cos\beta$

$c^2 = a^2 + b^2 - 2ab \cdot \cos\gamma$

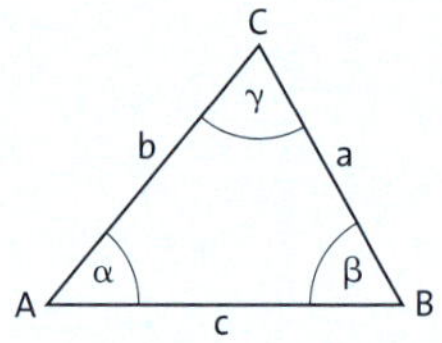

77 **Berechne x. Gib den Winkel im Gradmaß und im Bogenmaß an. Finde für a)–c) noch eine weitere Lösung im Bogenmaß und im Gradmaß.**

a) $\sin x = 0{,}5$

b) $\cos x = 0{,}5$

c) $\sin x = 0{,}725$

d) $\tan x = -4$

e) $\tan x = 0{,}5$

f) $\tan x = 23{,}9$

g) $\cos x = -0{,}356$

78 **Zeichne die Sinuskurve für $0 \le x \le 2\pi$. Für welche x-Werte gilt $\sin x = 0$?**

79 **In der folgenden Abbildung sind die Graphen der Funktionen $f_a(x) = \cos(x + \frac{\pi}{2})$, $f_b(x) = -2\cos x$, $f_c(x) = \sin(\frac{1}{2}x)$ und $f_d(x) = \sin(2x)$ abgebildet.**

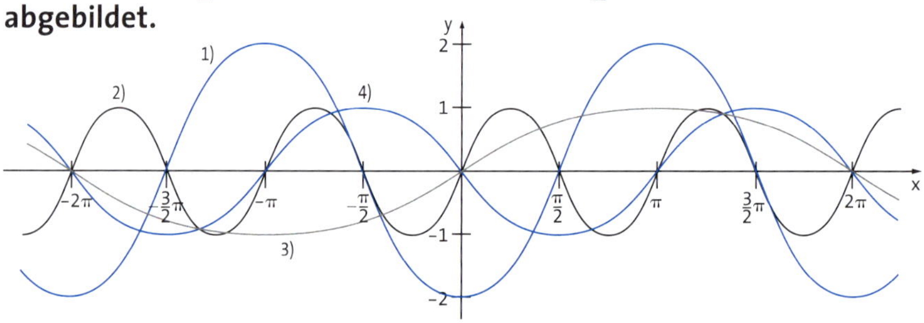

a) Schreibe die Funktionsgleichungen an die Graphen.

b) Gib für jeden Graphen die Wertemenge an.

c) Gib für jeden Graphen zwei Hoch- und zwei Tiefpunkte an.

d) Gib die Periodenlängen im Bogen- und Gradmaß an.

e) Gib die Nullstellen im Bogen- und Gradmaß an.

10. KLASSE

80 Betrachte das abgebildete Dreieck.

a) Welcher Winkel lässt sich mithilfe des Sinussatzes berechnen?

b) Berechne die fehlenden Winkel.

c) Berechne die fehlende Seite c mithilfe des Sinussatzes.

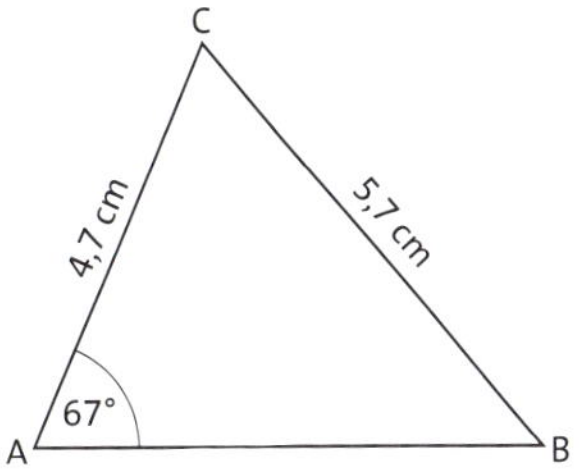

81 Berechne die Länge des Zaunes, die man benötigt, um das dreieckige Grundstück zu umzäunen. Tipp: Denke daran, dass die Summe der Innenwinkel 180° beträgt und nutze Sinus- und/oder Kosinussatz.

Funktionen im Überblick

Potenzfunktionen findest du auf S. 112, Wurzelfunktionen auf S. 110, Trigonometrische Funktionen auf S. 114.

Eine Funktion, deren Funktionsgleichung die Form $f(x) = a^x$ ($a \in \mathbb{R}$; $a > 0$) hat, heißt **Exponentialfunktion.**

82 Kreuze die richtigen Aussagen an.

a) Die Nullstelle für Potenzfunktionen mit geradem, positivem Exponenten ist $x_0 = 0$. ☐

b) Die Nullstelle aller Potenzfunktionen ist $x_0 = 0$. ☐

c) Die Graphen zu Potenzfunktionen mit geradem Exponenten sind punktsymmetrisch, d. h., es gilt: $f(-x) = -f(x)$ ☐

d) Alle Graphen der Wurzelfunktionen haben nur den Punkt (1|1) gemeinsam. ☐

e) Die Logarithmusfunktion ist eine periodische Funktion. ☐

f) Der Graph der Sinusfunktion ist punkt- und achsensymmetrisch. ☐

g) Der Graph der Sinusfunktion ist punktsymmetrisch zum Ursprung und achsensymmetrisch zur y-Achse. ☐

h) Sinus- und Kosinusfunktion sind periodisch mit der Periode 2π. ☐

i) Der Graph der Tangensfunktion hat keine Hochpunkte. ☐

83 Im abgebildeten Koordinatensystem sind die Graphen folgender Exponentialfunktionen abgebildet. Entscheide, welcher Graph zu welcher Funktion gehört.

$f_1(x) = 2^x$

$f_2(x) = 1{,}3^x$

$f_3(x) = e^x$

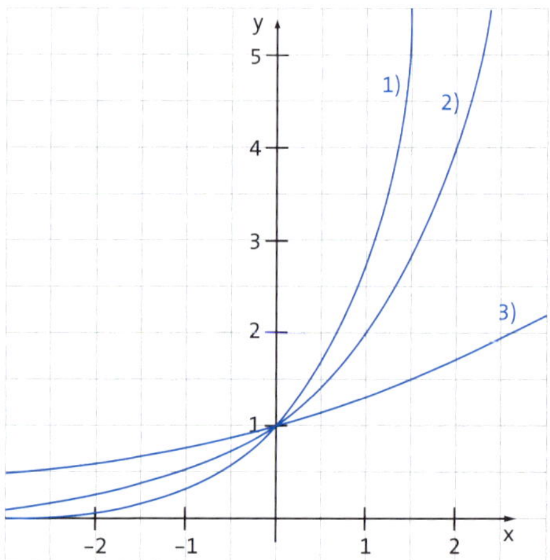

5 Wahrscheinlichkeitsrechnung und Statistik

5.1 Zufall und Wahrscheinlichkeit

Häufigkeiten und Schaubilder

Die konkrete Anzahl, die einer Größe zugeordnet ist, heißt **absolute Häufigkeit.** Die **relative Häufigkeit** gibt den Anteil an, den die Größe am Ganzen hat. Man erhält die relative Häufigkeit, indem man die absolute Häufigkeit durch die Summe aller Werte dividiert.

Beispiel: Haben die Hühner von Bauer Wilhelm insgesamt 10 Eier gelegt, ist 10 die Summe aller Eier. Sind 5 davon braun, beträgt die absolute Häufigkeit brauner Eier 5. Die relative Häufigkeit brauner Eier ergibt sich dann zu 5 dividiert durch 10, also $\frac{5}{10}$ oder 50 %.

1 **Ingo hat in seiner Klasse eine Umfrage zu den Körpergrößen der Mitschüler durchgeführt.**

a) Ergänze die Tabelle, indem du die Strichliste auswertest.
b) Wie viele Schüler haben an der Befragung teilgenommen?
c) Stelle die Werte in einem Säulendiagramm dar.
d) Stelle die Anteile in einem Kreisdiagramm dar und bestimme die zugehörigen Winkel.

Größe	Strichliste	Absolute Häufigkeit	Relative Häufigkeit in %
131–140 cm	|||		
141–150 cm	𝍸 𝍸		
151–160 cm	𝍸 ||		
gesamt	𝍸 𝍸 𝍸 𝍸		100 %

Zufallsexperimente

Ein **Zufallsexperiment** ist ein beliebig oft wiederholbarer Vorgang mit ungewissem Ergebnis, z. B. das Werfen eines Würfels. Alle Ergebnisse, die auftreten können, werden in der Ergebnismenge Ω zusammengefasst. Ein Ereignis ist die Zusammenfassung bestimmter (günstiger) Ergebnisse. Muss es jedes Mal eintreten, heißt es **sicheres Ereignis;** kann es nie eintreten, heißt es **unmögliches Ereignis.**

Beispiel: Das Würfeln einer 7 ist ein unmögliches Ereignis, das Würfeln einer 1, 2, 3, 4, 5 oder 6 ein sicheres Ereignis.

2 Fülle die Lücken.

Ein Würfel wird einmal geworfen. Die Augenzahlen 1 bis 6 sind die möglichen ____________. {1; 2; 3; 4; 5; 6} ist die ________________. {4; 5; 6} bezeichnet das ____________ „Augenzahl ist größer als 3“. Bei einem Versuch wurde ein Würfel 60-mal geworfen. Die Augenzahl 5 wurde 12-mal geworfen, also ist 12 die ________________ des Ergebnisses „Augenzahl ist 5“. Die relative Häufigkeit beträgt ____________ (als Bruch) = ____________ (in Prozent). Das Ereignis „Augenzahl ist eine der Zahlen von 1 bis 6“ ist ein ____________ Ereignis. Das Ereignis „Augenzahl ist null“ ist ein ____________ Ereignis.

3 Ein Würfel wird geworfen. Notiere zu jedem der Ereignisse die zugehörige Teilmenge der Ergebnismenge Ω = {1; 2; 3; 4; 5; 6}.

a) Ereignis A: „Augenzahl ist ungerade.“
b) Ereignis B: „Augenzahl ist 5.“
c) Ereignis D: „Augenzahl ist größer oder gleich 1.“
d) Ereignis F: „Augenzahl ist größer als 6.“

Wahrscheinlichkeit

Ein **Laplace-Versuch** ist ein Versuch, bei dem alle Ergebnisse die gleiche Wahrscheinlichkeit haben. Die Wahrscheinlichkeit P für das Eintreten des Ereignisses E ist dann:

$$P(E) = \frac{\text{Anzahl der für E günstigen Ergebnisse}}{\text{Anzahl aller möglichen Ergebnisse}}$$

4 Auf der Kirmes gibt es Losverkäufer, die damit werben, dass jedes zweite Los gewinnt. Kreuze die richtigen Antworten an.

- ☐ Die Hälfte aller Lose sind Gewinne.
- ☐ Die Wahrscheinlichkeit, dass ein Los ein Gewinn ist, beträgt 50 %.
- ☐ Wenn ich zwei Lose kaufe, so muss eins davon ein Gewinn sein.
- ☐ Kaufe ich mir 100 Lose, so sind genau 50 Gewinne dabei.
- ☐ Unter 100 gekauften Losen sind schätzungsweise 50 Gewinne.
- ☐ Nachdem ich nun 95 Nieten geöffnet habe, muss sich unter den anderen 5 mindestens ein Gewinn befinden.

5 Der Losverkäufer hat 1000 Lose, darunter sind 10 Hauptgewinne, 490 Trostpreise (dies sind insgesamt 500 Gewinne) und 500 Nieten. Berechne die Wahrscheinlichkeiten P für folgende Ereignisse. Fülle die Tabelle aus.

Ereignis	P(Ereignis)
a) Ich kaufe ein Los und es ist ein Hauptgewinn.	$P(A) = \frac{10}{1000} = 0{,}01 = 1\,\%$
b) Ich kaufe ein Los und es ist ein Trostpreis.	
c) Ich kaufe ein Los und es ist eine Niete.	
d) Ich kaufe ein Los und es ist eine Niete oder ein Gewinn.	
e) Ich kaufe ein Los und es ist ein Gewinn.	
f) Ich kaufe ein Los und es sind zwei Gewinne.	

Mehrstufige Zufallsexperimente

Mit einem **Baumdiagramm** lassen sich alle möglichen Ergebnisse des mehrstufigen Zufallsexperimentes übersichtlich darstellen.

- **1. Pfadregel – Produktregel:** Die Wahrscheinlichkeit eines Ergebnisses ist gleich dem Produkt der Wahrscheinlichkeiten längs des zugehörigen Pfades. Alle Wahrscheinlichkeiten an den Ästen jeder Verzweigung ergeben zusammen 1.
- **2. Pfadregel – Summenregel:** Die Wahrscheinlichkeit eines Ereignisses ist gleich der Summe der Wahrscheinlichkeiten der für dieses Ereignis günstigen Pfade.

6 Manfred geht gerne Basketball spielen. Heute trainiert er Korbwürfe. Durchschnittlich trifft er bei 75 von 100 Würfen in den Korb. Wie groß ist die Wahrscheinlichkeit, dass er in zwei Würfen …

a) genau einmal,
b) mindestens einmal,
c) mindestens zweimal,
d) höchstens zweimal,
e) gar nicht,
f) immer trifft?

Vervollständige das Baumdiagramm und die Tabelle.

K: Manfred wirft einen Korb $P(K) =$ ______

N: Manfred wirft keinen Korb $P(N) = \frac{25}{100} = \frac{1}{4}$

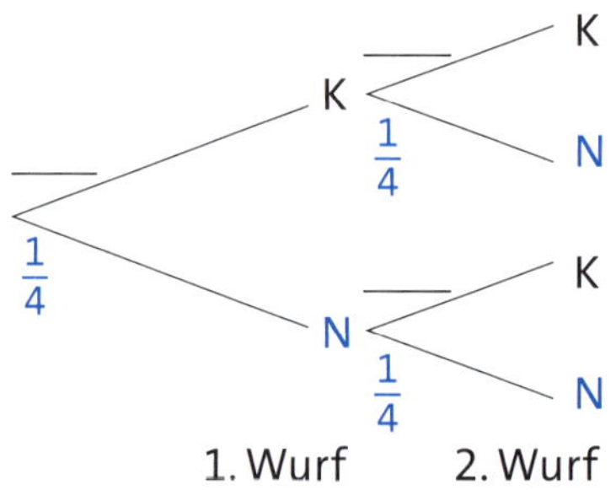

$P(K,K) =$ ______________________

____

____

____

$P(N,N) = \frac{1}{4} \cdot \frac{1}{4} = 0{,}0625 = 6{,}25\,\%$

Ereignis	günstige Ergebnisse	Summenregel
a) Er trifft genau einmal.	(K,N); (N,K)	
b) Er trifft mindestens einmal.	(K,N); (N,K); (K,K)	P(B) = P(K,N) + P(N,K) + P (K,K) = 93,75 %
c) Er trifft mindestens zweimal.		
d) Er trifft höchstens zweimal.		
e) Er trifft gar nicht.	(N,N)	P(E) = P(N,N) = 6,25 %
f) Er trifft immer.		

7 **In einem Teich befinden sich zehn Karpfen und 15 Barsche. Felix angelt drei Fische. Ermittle mithilfe eines Baumdiagramms die Wahrscheinlichkeit (auf drei Dezimalstellen genau), dass er mindestens zwei Karpfen gefangen hat. Beachte: Die gefangenen Fische werden nicht zurückgeworfen.**

8 **Nadja wird in Mathematik geprüft. Sie darf bei der Prüfung zwei von 30 Prüfungsfragen ziehen. Insgesamt kann sie 25 Fragen richtig beantworten. Die anderen fünf Fragen hat sie nicht verstanden und kann sie nicht beantworten. Wie groß ist die Wahrscheinlichkeit, dass sie …**

a) beide Fragen richtig beantworten kann?

b) mindestens eine Frage richtig beantworten kann?

c) nur die zweite Frage richtig beantworten kann?

Bedingte Wahrscheinlichkeit

Die bedingte Wahrscheinlichkeit $P_A(B)$ für das Ereignis B ist die Wahrscheinlichkeit dafür, dass B eintritt unter der Voraussetzung, dass Ereignis A schon eingetreten ist.

Beispiel: An einer Schule sind 278 Schülerinnen und 311 Schüler. 23 von ihnen nehmen an einem Schüleraustausch teil. 17 davon sind Schülerinnen.

$P_A(B) = \frac{\text{teilnehmende Mädchen}}{\text{Gesamtzahl der Mädchen}} = \frac{17}{278} = 0{,}061$ ist die bedingte Wahrscheinlichkeit dafür, dass eine zufällig ausgewählte Person am Austausch teilnimmt, unter der Voraussetzung, dass es sich um ein Mädchen handelt.

9 Ein Vater hat zwei Kinder und wird nach dem Geschlecht der Kinder gefragt. Er antwortet, dass

a) das erstgeborene Kind ein Mädchen ist. Wie groß ist die Wahrscheinlichkeit, dass auch das zweitgeborene Kind ein Mädchen ist?

b) dass mindestens eines der Kinder ein Mädchen ist. Wie groß ist die Wahrscheinlichkeit, dass auch das andere Kind ein Mädchen ist?

Mithilfe der folgenden Tabelle kannst du die Fragen leicht beantworten. Die zweite und dritte Spalte zeigen, welche Möglichkeiten bei zwei Kindern bestehen. Insgesamt gibt es vier Kombinationen.

Kombination	1. Kind	2. Kind	a) Das erstgeborene Kind ist ein Mädchen.	b) Mindestens eines der Kinder ist ein Mädchen.
1	Junge	Junge	wird nicht berücksichtigt, weil das 1. Kind kein Mädchen ist	wird nicht berücksichtigt, weil kein Mädchen dabei ist
2	Junge	Mädchen	wird nicht berücksichtigt, weil das 1. Kind kein Mädchen ist	1. Möglichkeit
3	Mädchen	Junge	1. Möglichkeit	2. Möglichkeit
4	Mädchen	Mädchen	2. Möglichkeit	3. Möglichkeit

zu a) Wenn man davon ausgeht, dass das erste Kind ein Mädchen ist, so gibt es ______ von ______ Möglichkeiten, dass auch das zweite Kind ein Mädchen ist. Die Wahrscheinlichkeit, dass beide Kinder Mädchen sind, beträgt somit ______.

zu b) Wenn man davon ausgeht, dass eines der Kinder ein Mädchen ist, so gibt es ______ von ______ Möglichkeiten, dass auch das andere Kind ein Mädchen ist. Die Wahrscheinlichkeit, dass beide Kinder Mädchen sind, beträgt somit ______.

10 **50 Deutsche und 50 Franzosen nehmen an einer Konferenz teil. 13 Deutsche und zwei Franzosen trinken zum Frühstück Orangensaft. Du beobachtest einen Teilnehmer, der zum Frühstück Orangensaft trinkt. Wie groß ist die Wahrscheinlichkeit, dass es sich um einen Deutschen handelt?**

Erwartungswert

Der Erwartungswert E(X) bezeichnet den **zu erwartenden durchschnittlichen** Gewinn pro Experiment. Jedes mögliche Ergebnis tritt mit einer bestimmten Wahrscheinlichkeit auf und jedem dieser Ergebnisse ist ein Zahlenwert – die Zufallsgröße – zugeordnet. Den Erwartungswert berechnet man, indem man die Zufallsgrößen mit der jeweiligen Wahrscheinlichkeit multipliziert und diese Produkte addiert.

Beispiel: Werden zwei Münzen geworfen, tritt jedes Ergebnis [(K = Kopf, K), (K, Z = Zahl), (Z, K), (Z, Z)] mit der Wahrscheinlichkeit 25 % = 0,25 auf. Gewinnt man nun 2 € für zwei gleiche Würfe und verliert 1 € für zwei unterschiedliche Würfe, sind die Zufallsgrößen: 2 € für (K, K) und (Z, Z) sowie –1 € für (K, Z) und (Z, K). Der Erwartungswert ergibt sich dann zu:
$0{,}25 \cdot 2\,€ + 0{,}25 \cdot 2\,€ - 0{,}25 \cdot 1\,€ - 0{,}25 \cdot 1\,€ = 0{,}50\,€$
Im Mittel wird man also pro Spiel 0,50 € gewinnen.

11 Die Klasse 10 will auf dem nächsten Schulfest ein Glücksrad bauen. Einmal drehen kostet 1 €. Bei Hellblau bekommt man 3 €, bei Blau 1,50 € und bei Weiß bekommt man nichts zurück. Berechne den Erwartungswert. Ist mit einem Gewinn zu rechnen?

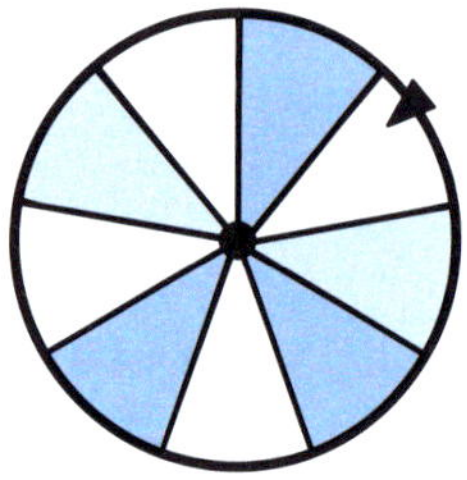

12 Beim abgebildeten Spielautomaten beträgt der Einsatz pro Spiel 1 €. Man erhält 7 €, wenn im Rahmen zwei Herzen erscheinen; 2 €, wenn im Rahmen zwei andere gleiche Symbole erscheinen.

a) Ist das Spiel fair?

b) Laut Gesetz müssen mindestens 60 % aller Einsätze wieder ausgespielt werden. Ist dies hier der Fall?

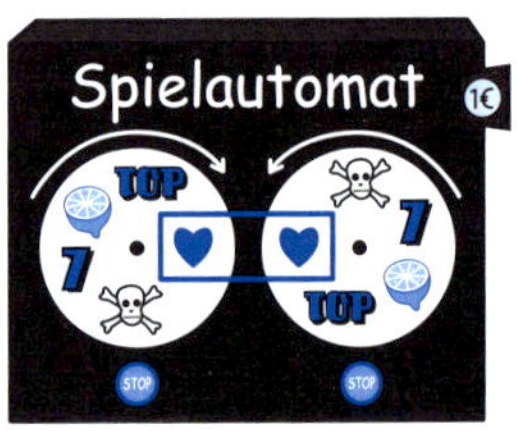

10. KLASSE

Bernoulli-Versuch

Hat ein einstufiger Zufallsversuch genau zwei mögliche Ausgänge, heißt er **Bernoulli-Versuch.** Es können nur die Ergebnisse Erfolg oder Misserfolg eintreten. Die Summe der **Erfolgswahrscheinlichkeit p** und der **Misserfolgswahrscheinlichkeit q** muss daher 1 oder 100 % ergeben.

Beispiel: In einer Urne sind 2 blaue und 8 grüne Kugeln. Es soll nun blind eine blaue Kugel gezogen werden. Erfolgswahrscheinlichkeit: $p = \frac{2}{10} = 0{,}2$; Misserfolgswahrscheinlichkeit: $q = \frac{8}{10} = 0{,}8$;
Summe: $p + q = 0{,}2 + 0{,}8 = 1$

13 Gib das Gegenereignis an.

a) Er hat mindestens eine von vier Fragen richtig beantwortet.

____

b) Er hat mindestens eine von vier Fragen falsch beantwortet.

____

14 Bei einem Multiple-Choice-Test im Chemieunterricht gab es zwölf Fragen mit jeweils drei Antworten, von denen je genau eine richtig war. Vier der zwölf Fragen konnte Felix nur durch Raten beantworten. Wie groß sind seine Chancen, dass er bei diesen vier Fragen …

a) viermal richtig geantwortet hat?

b) mindestens einmal falsch geantwortet hat?

c) mindestens einmal richtig geantwortet hat?

Bernoulli-Kette

Die Wahrscheinlichkeit, bei n Durchführungen eines Bernoulli-Versuchs genau k (höchstens k oder mindestens k) Erfolgsergebnisse zu haben, kann man mithilfe der **Binomialkoeffizienten** bestimmen, die man aus dem pascalschen Dreieck erhält.

Die Anzahl der Möglichkeiten, bei n Durchgängen k Erfolgsergebnisse zu erhalten, beträgt $\binom{n}{k}$. Die Wahrscheinlichkeit für k Erfolge ($0 \leq k \leq n$) in einer n-stufigen Bernoulli-Kette beträgt:
$P(X = k) = \binom{n}{k} p^k q^{n-k}$.

Die Wahrscheinlichkeit, dass höchstens k Erfolge ($0 \leq k \leq n$) auftreten beträgt: $P(X \leq k) = P(X = 0) + P(X = 1) + \ldots + P(X = k)$

Pascalsches Dreieck:

$$1$$

$$\binom{1}{0} = 1 \quad \binom{1}{1} = 1$$

$$\binom{2}{0} = 1 \quad \binom{2}{1} = 2 \quad \binom{2}{2} = 1$$

$$\binom{3}{0} = 1 \quad \binom{3}{1} = 3 \quad \binom{3}{2} = 3 \quad \binom{3}{3} = 1$$

$$\binom{4}{0} = 1 \quad \binom{4}{1} = 4 \quad \binom{4}{2} = 6 \quad \binom{4}{3} = 4 \quad \binom{4}{4} = 1$$

$$\binom{5}{0} = 1 \quad \binom{5}{1} = 5 \quad \binom{5}{2} = 10 \quad \binom{5}{3} = 10 \quad \binom{5}{4} = 5 \quad \binom{5}{5} = 1$$

Beispiel: $\binom{3}{1} = 1 + 2 = 3$

15 Ermittle folgende Wahrscheinlichkeiten:

a) $P(X = 3)$ bei $n = 4$ und $p = 0{,}9$

b) $P(X = 5)$ bei $n = 10$ und $p = 0{,}4$

c) $P(X \geq 4)$ bei $n = 7$ und $p = 0{,}2$

16 Mathias bummelt über den Festmarkt und entdeckt eine Schießbude. Er weiß, dass er bei zehn Schüssen siebenmal trifft. Um seine Freundin zu beeindrucken, behauptet er, dass er mit fünf Schüssen auch fünf Treffer landen wird. Mit welcher Wahrscheinlichkeit trifft er bei fünf Schüssen …

a) tatsächlich fünfmal?

b) mindestens einmal?

c) mindestens dreimal?

d) höchstens dreimal?

5.2 Statistik

Kenngrößen

Modalwert: der Wert in einer Datenliste, der am häufigsten vorkommt

Arithmetischer Mittelwert $\overline{x}$: $\frac{\text{Summe aller Werte der Liste}}{\text{Anzahl der Werte}}$

Zentralwert z (Median): der Datenwert genau in der Mitte, wenn man die Werte der Größe nach ordnet
Stehen zwei Werte in der Mitte, ist der Zentralwert der arithmetische Mittelwert der beiden Werte.

Beispiel: In der Datenliste 12; 7; 3; 9; 7; 5; 11; 8; 4; 11; 11; 4; 7 sind:
Modalwerte: 7 und 11
arithmetisches Mittel:
$\overline{x} = \frac{12+7+3+9+7+5+11+8+4+11+11+4+7}{13} \approx 7{,}6$
Median z: 7

17 **Gib für die unten stehende Liste Minimum, Maximum, Modalwert, arithmetischen Mittelwert und Zentralwert an. Notiere dafür zuerst die sortierte Liste. Schreibe in dein Übungsheft.**
0,6; 0,5; 1,0; 0,9; 1,0; 0,7; 0,8; 0,5; 0,9; 0,8; 0,7; 0,7; 1,1; 1,1; 0,5; 0,5; 1,0; 1,0

18 **Die Französischlehrerin Frau Franz notiert an verschiedenen Tagen die Zeiten in Minuten, die sie für ihren Weg zur Schule benötigt:**
20; 25; 18; 25; 23; 27; 18; 17; 24; 25; 17; 27; 23; 19; 17; 23; 22

a) Wie lange benötigt sie durchschnittlich für diese Strecke? Berechne dazu den Zentralwert und den arithmetischen Mittelwert. Vergleiche anschließend beide Werte.

b) Frau Franz wird von ihren Schülerinnen gefragt, wie lange sie für die Fahrt zur Schule benötigt. Was soll sie antworten?

Streuungsmaße

Streuungsmaße geben an, wie gut oder schlecht eine Verteilung durch den Mittelwert oder den Zentralwert repräsentiert werden kann. Bei großer Streuung repräsentiert der Mittelwert die Verteilung schlecht.

Spannweite: der Wert der Differenz aus dem größten (max) und dem kleinsten Wert (min) der Verteilung

Quartile können z. B. mit dieser Methode bestimmt werden: Das untere Quartil q_u ist der Zentralwert der unteren Hälfte der Datenliste, das obere Quartil q_o der Zentralwert der oberen Hälfte.

Mittlere Abweichung a vom Mittelwert: die Summe der Beträge aller Differenzen zwischen den einzelnen Ergebnissen und dem Mittelwert, dividiert durch die Anzahl der Datenwerte

Varianz σ^2: die Summe aller Abweichungsquadrate dividiert durch die Anzahl der Werte

Standardabweichung σ: die Wurzel aus der Varianz

19 Die Klasse 9b geht kegeln. Es werden zwei Gruppen gebildet. Jeder Schüler und jede Schülerin wirft jeweils 10 Kugeln „in die Vollen“ (9 Kegel). Die Ergebnisse:

Schüler Nr.	1	2	3	4	5	6	7	8
Gruppe 1	22	23	30	31	68	75	78	80
Gruppe 2	40	45	49	50	56	58	60	63

Berechne jeweils für beide Gruppen …

a) den arithmetischen Mittelwert $\overline{x}$

b) die Spannweite

c) die mittlere Abweichung a

d) die Varianz σ^2

e) die Standardabweichung σ

Die Tabelle kann dir dabei helfen.

	Gruppe 1			Gruppe 2		
i	x_i	$\lvert x_i - \bar{x}\rvert$	$\lvert x_i - \bar{x}\rvert^2$	x_i	$\lvert x_i - \bar{x}\rvert$	$\lvert x_i - \bar{x}\rvert^2$
1	22			40		
2	23			45		
3	30			49		
4	31			50		
5	68			56		
6	75			58		
7	78			60		
8	80			63		
Summe						
	$\bar{x} = \_\_ : 8$ $\bar{x} = \_\_$	$a = \_\_ : 8$ $a = \_\_$	$\sigma^2 = \_\_ : 8$ $\sigma^2 = \_\_$ $\sigma = \sqrt{\_\_}$ $\sigma \approx \_\_$	$\bar{x} = \_\_ : 8$ $\bar{x} = \_\_$	$a = \_\_ : 8$ $a = \_\_$	$\sigma^2 = \_\_ : 8$ $\sigma^2 = \_\_$ $\sigma = \sqrt{\_\_}$ $\sigma \approx \_\_$

20 Zehn Lehrerinnen der Ellen-Key-Schule wurden nach der durchschnittlichen Fahrtdauer für ihren Schulweg befragt. Die Ergebnisse (in Minuten):

30; 25; 20; 25; 15; 20; 55; 20; 5; 60

Gib das Minimum, das Maximum, die Spannweite, den Zentralwert, das untere Quartil und das obere Quartil an.

Grafische Darstellung

Mit **Säulendiagrammen** veranschaulicht man Häufigkeitsverteilungen, die nicht in Klassen eingeteilt sind.

Mit **Histogrammen** veranschaulicht man Häufigkeitsverteilungen mit Klasseneinteilungen. Zu Klassen fasst man mehrere nebeneinander liegende Werte zusammen, wenn eine Datenliste zu umfangreich ist.

Mit **Streifen-** oder **Kreisdiagrammen** stellt man Größenverhältnisse und Anteile dar. Dabei entsprechen 100 % dem gesamten Streifen bzw. 360°.

Ein **Boxplot** zeigt lediglich Minimum, Maximum, Zentralwert, unteres und oberes Quartil einer Datenliste.

21 Die Lehrerinnen und Lehrer der Ellen-Key-Schule haben folgende Schuhgrößen:

38; 42; 45; 36; 37; 39; 44; 42; 41; 38; 40; 38; 43; 42; 37; 38; 40; 42; 38; 44;

a) Bestimme das arithmetische Mittel und den Zentralwert.

b) Bestimme Spannweite, Varianz und Standardabweichung.

c) Zeichne ein Boxplot-Diagramm.

d) Zeichne ein Säulendiagramm.

22 Die durchgeführte Umfrage der Klasse 9a ergab für die Höhe des monatlichen Taschengeldes folgende Liste (Beträge in Euro):

30; 40; 20; 40; 25; 40; 30; 45; 40; 40; 25; 40; 40; 40; 20; 35; 35; 30; 15; 40; 25; 40; 40; 25; 35; 40; 20;

Zeichne basierend auf einer Klasseneinteilung ein Histogramm und ein Streifendiagramm.

1 Zahlenmengen und Rechenregeln

S. 7 **1** Zahlengerade von links: –250; –150; –75; –25; 50; 100

S. 7 **2**

Zahl	Gegenzahl	Betrag	Vorgänger
–5	5	5	–6
13	–13	13	12
–3,5	3,5	3,5	–4,5
12 345	–12 345	12 345	12 344
–1 003 942	1 003 942	1 003 942	–1 003 943

S. 8 **3** **a)** eine Milliarde dreihundertzwei Millionen vierhundertfünftausendeinhundertsechzehn
b) zweiundfünfzig Millionen fünfhundertsechsundvierzigtausendneunhundertsiebenundachtzig
c) siebenhundertsiebzig Milliarden eine Million zweihundertvierunddreißigtausend neunhundertfünfundfünfzig

S. 8 **4** **a)** 836 984 005 042; **b)** 15 000 966 011; **c)** 472 000 000 001 012

S. 8 **5** **a)** 3 333 333 = drei Millionen dreihundertdreiunddreißigtausend dreihundertdreiunddreißig
b) 444 444 999 999 = vierhundertvierundvierzig Milliarden vierhundertvierundvierzig Millionen neunhundertneunundneunzigtausend neunhundertneunundneunzig
c) 222 222 468 = zweihundertzweiundzwanzig Millionen zweihundertzweiundzwanzigtausend vierhundertachtundsechzig
d) 520 000 000 000 = fünfhundertzwanzig Milliarden

S. 9 **6**

Runde auf	Hunderter	Tausender	Zehntausender	Hunderttausender
345 788	345 800	346 000	350 000	300 000
19 053 706	19 053 700	19 054 000	19 050 000	19 100 000
1 283 729	1 283 700	1 284 000	1 280 000	1 300 000

S. 9 **7** **a)** $6780 \cdot 3122 \approx 7000 \cdot 3000 = 21\,000\,000$
b) $178\,641 : 10\,800 \approx 180\,000 : 11\,000 \approx 16$
c) $7531 + 2067 - 5508 \approx 7500 + 2000 - 5500 = 4000$
d) $33\,245 - 12\,987 + 25\,196 \approx 33\,000 - 13\,000 + 25\,000 = 45\,000$
e) Überschlagen ergibt dies: $6 \cdot 3\,€ + 5 \cdot 1\,€ + 2 \cdot 1\,€ = 18\,€ + 5\,€ + 2\,€ = 25\,€$
Das Geld reicht also nicht!

S. 10 **8**

Zahl im Zweiersystem	Stellenwerttafel des Zweiersystems							Umrechnung ins Zehnersystem
	64	32	16	8	4	2	1	
$(101)_2$					1	0	1	$1 \cdot 1 + 0 \cdot 2 + 1 \cdot 4 = (5)_{10}$
$(11101)_2$			1	1	1	0	1	$1 \cdot 1 + 0 \cdot 2 + 1 \cdot 4 + 1 \cdot 8 + 1 \cdot 16 = (29)_{10}$
$(1101010)_2$	1	1	0	1	0	1	0	$0 \cdot 1 + 1 \cdot 2 + 0 \cdot 4 + 1 \cdot 8 + 0 \cdot 16 + 1 \cdot 32 + 1 \cdot 64 = (106)_{10}$

S. 10 **9**

Vorgänger	$(1010)_2$	$(110011)_2$	$(1000110)_2$	$(100110)_2$
Zahl	$(1011)_2$	$(110100)_2$	$(1000111)_2$	$(100111)_2$
Nachfolger	$(1100)_2$	$(110101)_2$	$(1001000)_2$	$(101000)_2$

S. 10 **10** **a)** $(1100)_2$; **b)** $(101101)_2$; **c)** $(1001111)_2$; **d)** $(1110000)_2$

S. 11 **11** **a)** 719; **b)** 134; **c)** 195; **d)** 372; **e)** 1330; **f)** 1772; **g)** 43 955; **h)** 10 569; **i)** 1122; **j)** 882; **k)** 34 231; **l)** 1 162 200

S. 11 **12** **a)** 600 000 – (72 009 + 311 777) = 216 214; **b)** (8954 – 6294) + 3459 = 6119;
c) (7654 + 449) – (7654 – 449) = 8103 – 7205 = 898

S. 12 **13**

-41
-33 | -8
-22 | -11 | 3
-25 | 3 | -14 | 17
-13 | -12 | 15 | -29 | 46

S. 12 **14** **a)** (–12) + (–32) – (+45) = (–44) + (–45) = –89
b) (+38) – (–20) + (+59) = (+58) + (+59) = +117
c) (–27) + (+199) – (–87) = (+172) + (+87) = +259
d) (+176) – (+459) – (–66) = (–283) + (+66) = –217
e) (+100) + (+561) – (– 333) = (+661) + (+333) = +994
f) (–2344) – (–987) – (–3001) = (–1357) + (+3001) = +1644

S. 12 **15** (+932) + (–150) + (–397) + (+58) = +443
Frau Siegels Konto weist anschließend ein Guthaben von 443 € auf.

S. 13 **16** **a)** 4 200 000; **b)** 42 918; **c)** 60 386 869; **d)** 746 100; **e)** 22 644 000; **f)** 172 854

S. 13 **17** **a)** 5040; **b)** 3006; **c)** 1800; **d)** 10 020; **e)** 206 + 6 : 19; **f)** 493 + 17 : 20;
g) 458 + 11 : 23; **h)** 744 + 15 : 36

S. 13 **18** 6 Eier · 4500 = 27 000 Eier (pro Tag); 30 · 27 000 = 810 000 Eier (pro Monat).
In einem Monat mit 30 Tagen werden 810 000 Eier verpackt.

S. 14 **19** **a)** (–3) · 5 = –15; **b)** 4 · (–7) = –28; **c)** (–6) · (–2) = +12; **d)** (–34) · 12 = –408;
e) 101 · (–7) = –707; **f)** (–460) · (–15) = +6900

S. 14 **20** **a)** (–20) : 5 = –4; **b)** 42 : (–7) = –6; **c)** (–26) : (–2) = +13; **d)** 81 : (–9) = –9;
e) (–120) : (–6) = +20; **f)** (–364) : (–14) = +26

S. 14 **21**

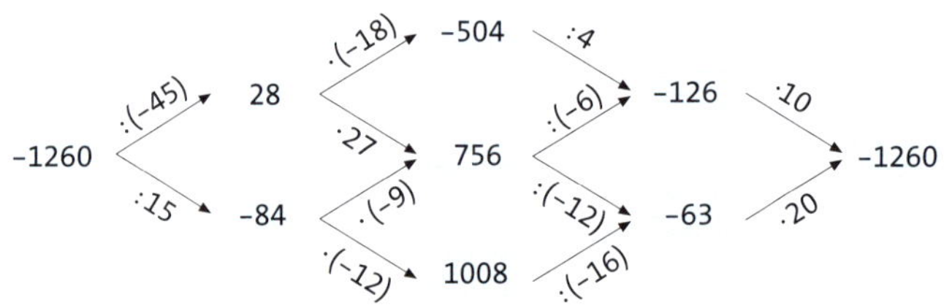

S. 15 **22** **a)** $7 \cdot 10^6 = 7\,000\,000$; **b)** $5 \cdot 10^5 + 3 \cdot 10^5 = 500\,000 + 300\,000 = 800\,000 = 8 \cdot 10^5$;
c) $1000 \cdot 100 \cdot 10\,000 = 1\,000\,000\,000 = 10^9$;
d) $10^3 \cdot 10^3 = 1000 \cdot 1000 = 1\,000\,000 = 10^6$; **e)** $500 \cdot 500 \cdot 500 = 125\,000\,000$;
f) $100 \cdot 100\,000 : 10^6 = 10\,000\,000 : 1\,000\,000 = 10$

S. 15 **23** **a)** 1; 4; 9; 16; 25; 36; 49; 64; 81; 100; 121; 144; 169; 196; 225;

b) $2^5 = 2 \cdot 2 \cdot 2 \cdot 2 \cdot 2 = 32$; $3^3 = 3 \cdot 3 \cdot 3 = 27$; $4^4 = 4 \cdot 4 \cdot 4 \cdot 4 = 256$;
c) $6^3 \cdot 5^3 \cdot 7^3 = 216 \cdot 125 \cdot 343 = 9\,261\,000$

S. 16 **24** **a)** $5 \cdot (11 + 8) = 55 + 40 = 95$; **b)** $(10 - 1) \cdot 25 = 250 - 25 = 225$;
c) $6 \cdot 17 + 6 \cdot 3 = 6 \cdot (17 + 3) = 120$; **d)** $(48 + 36) : 12 = 48 : 12 + 36 : 12 = 4 + 3 = 7$;
e) $91 : 13 - 78 : 13 = (91 - 78) : 13 = 1$; **f)** $26 \cdot 11 - 11 = (26 - 1) \cdot 11 = 25 \cdot 11 = 275$

S. 16 **25** **a)** $(12 \cdot 9) + 34 = 108 + 34 = 142$; **b)** $(35 + 25) : (35 - 25) = 60 : 10 = 6$;
c) $(120 : 24) \cdot (45 - 29) = 5 \cdot 16 = 80$; **d)** $5^3 - (19 + 6^2) = 125 - (19 + 36) = 125 - 55 = 70$

S. 17 **26** **a)** $(-3) \cdot (5 - 2) + 8 = -1$; **b)** $(-3) \cdot 5 - 2 + 8 = -9$; **c)** $(-3) \cdot (5 - 2 + 8) = -33$;
d) $(-3) \cdot 5 - (2 + 8) = -25$; **e)** $-(3 \cdot 5 - 2) + 8 = -5$; **f)** $-(3 \cdot 5 - 2 + 8) = -21$

S. 17 **27** **a)** $(-25) \cdot [(-20) + 2] = 500 + (-50) = 450$; **b)** $37 \cdot [10 + (-1)] = 370 + (-37) = 333$;
c) $[30 + 5] \cdot (-8) = (-240) + (-40) = -280$; **d)** $15 \cdot [40 + (-3)] = 600 + (-45) = 555$;
e) $(-2) \cdot [(-32) + (-5)] = 64 + 10 = 74$; **f)** $[25 - (-60)] \cdot (-4) = (-100) - (+240) = -340$

S. 17 **28** **a)** $(-11) \cdot 4 + (-11) \cdot 26 = (-11) \cdot [4 + 26] = (-11) \cdot 30 = -330$;
b) $17 \cdot (-28) + 17 \cdot (-2) = 17 \cdot [(-28) + (-2)] = 17 \cdot (-30) = -510$;
c) $13 \cdot 24 + (-3) \cdot 24 = 24 \cdot [13 + (-3)] = 24 \cdot 10 = 240$;
d) $(-14) \cdot (-25) + (-25) \cdot (-6) = (-25) \cdot [(-14) + (-6)] = (-25) \cdot (-20) = 500$;
e) $63 \cdot (-16) + (-16) \cdot 3 = (-16) \cdot [63 + 3] = (-16) \cdot 66 = -1056$;
f) $(-12) \cdot (-15) + (-12) \cdot 35 = (-12) \cdot [(-15) + 35] = (-12) \cdot (20) = -240$

S. 17 **29** **a)** $(-24) + (-23) = -47$; **b)** $7 - (-67) + 86 = 7 + 67 + 86 = 160$;
c) $(-255) + 3 \cdot (-128) - 56 = -255 - 384 - 56 = -695$;
d) $887 + (-2) \cdot (-25 + 133) = 887 + (-2) \cdot 108 = 887 - 216 = 671$;
e) $(-2) \cdot [9 : (-3) + (-25)] = (-2) \cdot [(-3) - 25] = (-2) \cdot [-28] = 56$
f) $8 - 5 \cdot [2 - (-49) : 7)] = 8 - 5 \cdot [2 - (-7)] = 8 - 5 \cdot [2 + 7] = 8 - 5 \cdot 9 = 8 - 45 = -37$
g) $1500 : (-30) - 92 \cdot (-10) = -50 - (-920) = -50 + 920 = 870$

S. 18 **30** **a)** $42 = 2 \cdot 3 \cdot 7$; **b)** $90 = 2 \cdot 3 \cdot 3 \cdot 5$; **c)** $165 = 3 \cdot 5 \cdot 11$; **d)** $390 = 2 \cdot 3 \cdot 5 \cdot 13$;
e) $2695 = 5 \cdot 7 \cdot 7 \cdot 11$; **f)** $2750 = 2 \cdot 5 \cdot 5 \cdot 5 \cdot 11$

S. 18 **31** **a)** $56 = 2^3 \cdot 7$; **b)** $89 = 89$; **c)** $110 = 2 \cdot 5 \cdot 11$; **d)** $125 = 5^3$; **e)** $168 = 2^3 \cdot 3 \cdot 7$;
f) $608 = 2^5 \cdot 19$; **g)** $847 = 7 \cdot 11^2$; **h)** $864 = 2^5 \cdot 3^3$; **i)** $1260 = 2^2 \cdot 3^2 \cdot 5 \cdot 7$;
j) $4000 = 2^5 \cdot 5^3$; **k)** $13\,230 = 2 \cdot 3^3 \cdot 5 \cdot 7^2$; **l)** $15\,125 = 5^3 \cdot 11^2$

S. 19 **32** **a)** $48 = 2^4 \cdot 3$; $108 = 2^2 \cdot 3^3$; kgV $(48, 108) = 2^4 \cdot 3^3 = 432$
b) $20 = 2^2 \cdot 5$; $162 = 2 \cdot 3^4$; kgV $(20, 162) = 2^2 \cdot 3^4 \cdot 5 = 1620$
c) $75 = 3 \cdot 5^2$; $95 = 5 \cdot 19$; kgV $(75, 95) = 3 \cdot 5^2 \cdot 19 = 1425$
d) $125 = 5^3$; $325 = 5^2 \cdot 13$; kgV $(125, 325) = 5^3 \cdot 13 = 1625$
e) $10 = 2 \cdot 5$; $15 = 3 \cdot 5$; $18 = 2 \cdot 3^2$; kgV $(10, 15, 18) = 2 \cdot 3^2 \cdot 5 = 90$
f) $32 = 2^5$; $45 = 3^2 \cdot 5$; $50 = 2 \cdot 5^2$; kgV $(32, 45, 50) = 2^5 \cdot 3^2 \cdot 5^2 = 7200$

S. 19 **33** **a)** $28 = 2^2 \cdot 7$; $126 = 2 \cdot 3^2 \cdot 7$; ggT $(28, 126) = 2 \cdot 7 = 14$
b) $510 = 2 \cdot 3 \cdot 5 \cdot 17$; $570 = 2 \cdot 3 \cdot 5 \cdot 19$; ggT $(510, 570) = 2 \cdot 3 \cdot 5 = 30$
c) $28 = 2^2 \cdot 7$; $84 = 2^2 \cdot 3 \cdot 7$; $140 = 2^2 \cdot 5 \cdot 7$; ggT $(28, 84, 140) = 2^2 \cdot 7 = 28$
d) $78 = 2 \cdot 3 \cdot 13$; $156 = 2^2 \cdot 3 \cdot 13$; $208 = 2^4 \cdot 13$; ggT $(78, 156, 208) = 2 \cdot 13 = 26$
e) $18 = 2 \cdot 3^2$; $72 = 2^3 \cdot 3^2$; $192 = 2^6 \cdot 3$; $210 = 2 \cdot 3 \cdot 5 \cdot 7$; ggT $(18, 72, 192, 210)$
$= 2 \cdot 3 = 6$
f) $66 = 2 \cdot 3 \cdot 11$; $132 = 2^2 \cdot 3 \cdot 11$; $165 = 3 \cdot 5 \cdot 11$; $363 = 3 \cdot 11^2$; ggT $(66, 132, 165,$
$363) = 3 \cdot 11 = 33$

S. 19 **34** **a)** kgV (70, 40) = 280; 280 : 70 = 4; 280 : 40 = 7. Der Vater macht 4 Schritte und der Sohn macht 7 Schritte, bis ihre Füße wieder auf gleicher Höhe sind.
b) kgV (20, 25) = 100. Nach 1 m gibt es eine gemeinsame Schnittstelle.

S. 20 **35** **a)** $\frac{6}{8}$ l; **b)** $\frac{3}{8}$ l; **c)** $\frac{7}{8}$ l; **d)** $\frac{4}{8}$ l; **e)** $\frac{1}{8}$ l

S. 20 **36** **a)** 500 ml = $\frac{1}{2}$ l; **b)** 250 g = $\frac{1}{4}$ kg; **c)** 45 min = $\frac{3}{4}$ h; **d)** 50 cm = $\frac{1}{2}$ m; **e)** 5 mm = $\frac{1}{2}$ cm;
f) 125 ml = $\frac{1}{8}$ l

S. 20 **37** **a)** $\frac{1}{2}$ von 28 kg = 14 kg; **b)** $\frac{3}{4}$ von 12 m = 9 m; **c)** $\frac{5}{6}$ von 24 Äpfeln = 20 Äpfel;
d) $\frac{13}{20}$ von 60 min = 39 min

S. 21 **38** **a)** $\frac{3}{5} = \frac{6}{10}$; Faktor: 2; **b)** $\frac{6}{7} = \frac{18}{21}$; Faktor: 3; **c)** $\frac{13}{4} = \frac{65}{20}$; Faktor: 5; **d)** $\frac{9}{4} = \frac{27}{12}$; Faktor: 3;
e) $\frac{8}{5} = \frac{48}{30}$; Faktor: 6; **f)** $\frac{3}{14} = \frac{9}{42}$; Faktor: 3; **g)** $\frac{18}{11} = \frac{180}{110}$; Faktor: 10;
h) $\frac{15}{2} = \frac{225}{30}$; Faktor: 15; **i)** $\frac{1}{50} = \frac{14}{700}$; Faktor: 14

S. 21 **39** **a)** $\frac{10}{15} = \frac{2}{3}$; $\frac{21}{7} = \frac{3}{1} = 3$; $\frac{12}{8} = \frac{3}{2}$; **b)** $\frac{16}{24} = \frac{2}{3}$; $\frac{22}{33} = \frac{2}{3}$; $\frac{25}{30} = \frac{5}{6}$; **c)** $\frac{28}{21} = \frac{4}{3}$; $\frac{150}{30} = \frac{5}{1} = 5$; $\frac{80}{60} = \frac{4}{3}$;
d) $\frac{45}{27} = \frac{5}{3}$; $\frac{48}{36} = \frac{4}{3}$; $\frac{64}{40} = \frac{8}{5}$

S. 21 **40** **a)** $\frac{30}{42} < \frac{30}{40}$; **b)** $\frac{27}{36} = \frac{27}{36}$; **c)** $\frac{45}{36} > \frac{44}{36}$; **d)** $\frac{6}{24} < \frac{15}{24}$; **e)** $\frac{6}{35} < \frac{6}{34}$; **f)** $\frac{30}{48} > \frac{21}{48}$

S. 22 **41** **a)** $\frac{5}{8} + \frac{6}{8} = \frac{11}{8}$; **b)** $\frac{7}{16} - \frac{7}{16} = 0$; **c)** $\frac{25}{9} - \frac{11}{9} = \frac{14}{9}$; **d)** $\frac{5}{16} + \frac{7}{8} = \frac{5}{16} + \frac{14}{16} = \frac{19}{16}$;
e) $\frac{45}{20} - \frac{7}{20} = \frac{38}{20} = \frac{19}{10}$; **f)** $\frac{25}{18} - \frac{11}{12} = \frac{50}{36} - \frac{33}{36} = \frac{17}{36}$; **g)** $\frac{1}{24} + \frac{11}{16} = \frac{2}{48} + \frac{33}{48} = \frac{35}{48}$;
h) $\frac{9}{7} - \frac{7}{9} = \frac{81}{63} - \frac{49}{63} = \frac{32}{63}$; **i)** $\frac{11}{27} + \frac{20}{18} = \frac{22}{54} + \frac{60}{54} = \frac{82}{54} = \frac{41}{27}$

S. 22 **42** $1 - \frac{1}{4} - \frac{3}{8} - \frac{1}{6} = \frac{24}{24} - \frac{6}{24} - \frac{9}{24} - \frac{4}{24} = \frac{5}{24}$;
Der Anteil der Schüler, die andere Grundschulen besuchten, beträgt $\frac{5}{24}$.

S. 22 **43** **a)**

1	$\frac{11}{6}$	$\frac{2}{3}$
$\frac{5}{6}$	$\frac{7}{6}$	$\frac{3}{2}$
$\frac{5}{3}$	$\frac{1}{2}$	$\frac{4}{3}$

Summe: $\frac{21}{6} = \frac{7}{2}$

b)

$\frac{5}{6}$	$\frac{12}{6}$	$\frac{7}{6}$
$\frac{10}{6}$	$\frac{4}{3}$	1
$\frac{3}{2}$	$\frac{2}{3}$	$\frac{11}{6}$

Summe: $\frac{24}{6} = 4$

c)

$\frac{4}{5}$	$\frac{1}{10}$	$\frac{3}{5}$
$\frac{3}{10}$	$\frac{1}{2}$	$\frac{7}{10}$
$\frac{4}{10}$	$\frac{9}{10}$	$\frac{2}{10}$

Summe: $\frac{15}{10} = \frac{3}{2}$

S. 23 **44** **a)** $\frac{3}{8}$; **b)** $\frac{6}{7}$; **c)** $\frac{2}{15}$; **d)** $\frac{3}{8}$; **e)** 1; **f)** $\frac{1}{3}$

S. 23 **45** Der Anteil beträgt $\frac{7}{20}$.

S. 23 **46** **a)** $\frac{12}{5}$; **b)** $\frac{2}{5}$

S. 23 **47** **a)** $\frac{6}{10} = \frac{3}{5}$; **b)** $\frac{12}{18} = \frac{2}{3}$; **c)** $\frac{252}{56} = \frac{9}{2}$; **d)** $\frac{4550}{3822} = \frac{25}{21}$

S. 24 **48** drei viertel; fünf; zwei; drei halbe; fünf; vier; eins

S. 24 **49** **a)** $\frac{3}{2}$; **b)** $\frac{9}{4}$; **c)** $\frac{21}{4}$; **d)** $\frac{11}{3}$

S. 24 **50** **a)** $4\frac{1}{2}$; **b)** $1\frac{1}{4}$; **c)** $3\frac{1}{3}$; **d)** $4\frac{1}{3}$

S. 25 **51** **a)** $\frac{11}{10}$; **b)** $\frac{13}{12}$; **c)** $\frac{1}{30}$; **d)** $\frac{21}{8}$; **e)** $\frac{1}{88}$; **f)** $\frac{3}{2}$; **g)** $\frac{12}{5}$; **h)** $\frac{1}{7}$

S. 25 **52** **a)** $\frac{13}{20}$; **b)** $\frac{41}{14}$; **c)** 0; **d)** $\frac{49}{20}$

S. 25 **53** $\left(\frac{1}{4} \cdot \frac{1}{2} + \frac{1}{3} \cdot \frac{1}{3}\right) \cdot 2 = \frac{17}{36}$. Der gesuchte Bruchteil ist $\frac{17}{36}$.

S. 26 **54** **a)** $\dfrac{\frac{5}{2} - \frac{3}{4}}{\frac{1}{2} \cdot \frac{3}{4}} = \dfrac{\frac{10}{4} - \frac{3}{4}}{\frac{3}{8}} = \dfrac{\frac{7}{4}}{\frac{3}{8}} = \frac{7}{4} : \frac{3}{8} = \frac{7}{4} \cdot \frac{8}{3} = \frac{14}{3}$; **b)** $\dfrac{2 \cdot \frac{1}{4}}{\frac{3}{2} + \frac{3}{7}} = \dfrac{\frac{2}{4}}{\frac{21}{14} + \frac{6}{14}} = \dfrac{\frac{2}{4}}{\frac{27}{14}} = \frac{2}{4} : \frac{27}{14} = \frac{2}{4} \cdot \frac{14}{27} = \frac{7}{27}$

S. 26 **55** **a)** $\frac{1}{16} \cdot \frac{8}{5} = \frac{1}{10}$; **b)** $2\frac{1}{4} + \frac{9}{8} = \frac{27}{8}$; **c)** $\frac{5}{3} \cdot \left(\frac{14}{5} - \frac{9}{4}\right) = \frac{11}{12}$; **d)** $3\frac{1}{2} - \frac{17}{6} \cdot \frac{1}{8} = \frac{151}{48}$

S. 27 **56** –1,25; –0,6; –0,5; –0,25; +0,1; +1,25

S. 27 **57** **a)** $\frac{7}{10}$; **b)** $\frac{35}{100} = \frac{7}{20}$; **c)** $\frac{13}{10}$; **d)** $\frac{9}{100}$; **e)** $\frac{18}{10} = \frac{9}{5}$

S. 27 **58** **a)** 0,1; **b)** 1,025; **c)** 0,375; **d)** 2,2125; **e)** 30,25; **f)** $2,\overline{2}$; **g)** 5,8; **h)** $0,\overline{27}$; **i)** 0,05;
j) 0,8125

S. 27 **59** $\frac{9}{5}$; 1,5; 0,02; $\frac{6}{5}$; $\frac{11}{4}$

S. 28 **60** **a)** 7,30; **b)** 0,865; **c)** 13,12; **d)** 1,865

S. 28 **61** Hans ist reicher geworden. Er hat dann 11,37 €.

S. 29 **62** **a)** 39,13; **b)** 33,372; **c)** 0,38775

S. 29 **63** 160 : 25 = 6,4 (um 1 Stelle); 1,705 : 55 = 0,031 (um 1 Stelle);
183 : 12 = 15,25 (um 2 Stellen); 9720 : 2025 = 4,8 (um 3 Stellen)

S. 30 **64** **a)** 12; **b)** 12; **c)** 12; **d)** 42; **e)** 12; **f)** 12. Folglich haben die Terme in **a)**, **b)**, **c)**, **e)** und **f)** den gleichen Wert.

S. 30 **65**

x	x – 2	–7 · x	2 · x – 3 · x = –1 · x = –x	–1 · x + x = 0 · x = 0
1	–1	–7	–1	0
–1	–3	7	1	0
$\frac{1}{2}$	$-1\frac{1}{2}$	$-\frac{7}{2}$	$-\frac{1}{2}$	0
–0,3	–2,3	2,1	0,3	0
$-\frac{1}{3}$	$-2\frac{1}{3}$	$\frac{7}{3}$	$\frac{1}{3}$	0
–7	–9	49	7	0
0	–2	0	0	0
0,1	–1,9	–0,7	–0,1	0

S. 31 **66** **a)** –216; **b)** $\frac{16}{169}$; **c)** –0,343; **d)** $-\frac{1000}{343}$; **e)** 289; **f)** 28 900; **g)** 2,89; **h)** 0,0289

S. 31 **67** **a)** 9; **b)** 15; **c)** 60; **d)** 1,4; **e)** 1400; **f)** 1,7; **g)** 0,017; **h)** $\frac{25}{13}$

S. 31 **68** Er hat das Volumen $5^3\ cm^3 = 125\ cm^3$.

S. 31 **69** Eine Seite misst $\sqrt{225}$ m = 15 m.

S. 32 **70** **a)** b; **b)** –8x – 91y; **c)** 10x – 15y; **d)** –38x + 80y ; **e)** 68x – 91xy – 37y – 7;
f) –2ab –33a –29b +51 ; **g)** –98x + 128y + 174 ; **h)** $-\frac{17}{15}x + \frac{29}{81}y$

S. 32 **71** **a)** $-6x \cdot (3xy + 5x^2z)$; **b)** $9a \cdot (5a^2b - 4b^2)$; **c)** $uv \cdot (24u - 8v)$; **d)** $-4cd \cdot (7 - 4c)$;
e) $x^2y \cdot (11 - 19y)$

S. 32 **72** **a)** $9ab^2 \cdot (-4ab + 9)$; **b)** $45vw^2 \cdot (3v - 1)$; **c)** $4ef \cdot (3f + 5e - 6)$; **d)** $8a^2b^2c^2 \cdot (-5a - 2b + 7c)$

LÖSUNGEN

S. 33 **73** **a)** $20a + 15b + 8ab + 6b^2$; **b)** $-14x^2 - 1\frac{5}{7}y^2 + 10xy$; **c)** $-67{,}2r^2 - 9{,}6u^2 + 290{,}24ru$;
d) $\frac{1}{4}m^2 - \frac{43}{72}mn + \frac{1}{3}n^2$; **e)** $6a^3b^3 - 12a^4b^2 + 36a^2b^4$;
f) $6f^2 - 105g^2 - 30h^2 + 9fg - 3fh - 117gh$

S. 33 **74** **a)** $9x^2 + 42x + 49$; **b)** $16a^2 - 40ab + 25b^2$; **c)** $36c^2 - 16d^2$; **d)** $16w^2 + 24uw + 9u^2$;
e) $\frac{1}{16}z^2 - a^2$; **f)** $\frac{16}{25} - \frac{9}{16}q^2$

S. 33 **75** **a)** $41n^2 + 73m^2 + 34nm$; **b)** $63v + 169v^2 + 36w^2 - 212vw$; **c)** $-32x^2 + 44y^2 + 42xy$;
d) $-165\,a^2 - 20b^2 + 60ab$; **e)** $299m^2 + 8100n^2 - 3240mn + 9$; **f)** $35a^2 - 41b^2 - 30ab$

S. 34 **76** **a)** 3; **b)** 3; **c)** nicht definiert; **d)** 1; **e)** 5; **f)** 12; **g)** $\frac{4}{3}$; **h)** $\frac{1}{15}$; **i)** $\frac{2a}{b}$; **j)** $7 \cdot \sqrt{x-y}$; **k)** $4xy$;
l) $8 \cdot \sqrt{9 \cdot 3} + 5 \cdot \sqrt{3} = 29 \cdot \sqrt{3}$

S. 34 **77** **a)** $\frac{7}{\sqrt{13} \cdot 5} = \frac{7\sqrt{13}}{13 \cdot 5} = \frac{7\sqrt{13}}{65}$; **b)** $\frac{12x}{\sqrt{x} \cdot 7} = \frac{12\sqrt{x}}{7}$; **c)** $\frac{132x}{\sqrt{12x}} = 22\sqrt{3x}$;
d) $\frac{\sqrt{3x}+1}{\sqrt{7x}} = \frac{\sqrt{21}x + \sqrt{7x}}{7x}$; **e)** $\sqrt{\frac{2}{3x}} = \frac{\sqrt{2}}{\sqrt{3x}} = \frac{\sqrt{6x}}{3x}$; **f)** $\frac{5}{\sqrt{x}-5} = \frac{5}{\sqrt{x}-5} \cdot \frac{\sqrt{x}+5}{\sqrt{x}+5} = \frac{5\sqrt{x}+25}{x-25}$

S. 34 **78** **a)** $\sqrt{11} - 6$; **b)** $5\sqrt{3} - 16\sqrt{2} + 5$; **c)** 0

S. 35 **79** **a)** $4x^4y^3$; **b)** $40x^3yz$; **c)** $128a^4b^2$; **d)** $-10b^8$

S. 35 **80** **a)** 260; **b)** 7800; **c)** $5^2 = 25$; **d)** $2^8 = 256$; **e)** 0; **f)** $12^0 = 1$; **g)** $\left(\frac{5}{3}\right)^2 = \frac{25}{9}$;
h) $\left(\frac{10}{1}\right)^3 = 1000$; **i)** $\left(\frac{2}{1}\right)^5 = 32$

S. 35 **81** **a)** $(15 : 5)^n = 3^n$; **b)** $10^n : 10^m = 10^{n-m}$; **c)** $(3 \cdot 4)^{n+1} = 12^{n+1}$; **d)** $\frac{1}{8^4} \cdot \frac{1}{8^4} = \frac{1}{8^8}$;
e) $\left(\frac{2}{3}\right)^2 \cdot \left(\frac{2}{3}\right)^4 = \left(\frac{2}{3}\right)^6$; **f)** $\frac{3^7 \cdot (2-3)}{3^8 \cdot 2^6} = -\frac{1}{3 \cdot 2^6}$

S. 36 **82** **a)** $17^{\frac{1}{2}}$; **b)** $\sqrt[3]{x} + \sqrt[5]{y^4}$; **c)** $\sqrt[7]{(x+5y)^2}$; **d)** $\frac{1}{\sqrt[7]{(x+5y)^2}}$; **e)** $(3-d)^{\frac{5}{4}}$; **f)** $\left(b^{\frac{1}{3n}}\right)^{4m} = b^{\frac{4m}{3n}}$

S. 36 **83** **a)** $\sqrt{2 \cdot 8} = \sqrt{16} = 4$; **b)** $\frac{\sqrt{9}}{\sqrt{25}} = \frac{3}{5}$; **c)** $\sqrt{\frac{4}{10\,000}} = \frac{\sqrt{4}}{\sqrt{10\,000}} = \frac{2}{100} = \frac{1}{50}$;
d) $\sqrt{\frac{75}{3}} = \sqrt{25} = 5$; **e)** $\sqrt{2^6} = \sqrt{64} = 8$; **f)** $\sqrt[4]{2^8} = \sqrt[4]{256} = 4$; **g)** $\sqrt[6]{15\,625} = 5$;
h) $\sqrt[5]{8 \cdot 2 \cdot 64} = \sqrt[5]{1024} = 4$

S. 36 **84** **a)** $x - \sqrt{x}$; $D = \{x \mid x \geq 0\}$; **b)** $x - 4\sqrt{x} \cdot \sqrt{y} + 4y = x - 4\sqrt{xy} + 4y$; $D = \{x,y \mid x \geq 0;\ y \geq 0\}$;
c) $\sqrt{1-a}$; $D = \{a \mid 0 \leq a \leq 1\}$; **d)** x^2yz; $D = \{x,y,z \mid x \geq 0;\ y \geq 0;\ z \geq 0\}$

S. 37 **85** **a)** $x = 2$; **b)** $x = 5$; **c)** $x = 7$; **d)** $x = 3$; **e)** $x = 3$; **f)** $x = 4$; **g)** $x = 4$; **h)** $x = 2$; **i)** $x = 3$;
j) $x = 10$

S. 37 **86** Näherungswerte: **a)** 1,301; **b)** 0,699; **c)** 0,903; **d)** 1,204; **e)** 1,699; **f)** –2,699

S. 38 **87** 0,75 € < 1,23 € < 10,03 € < 10,23 € < 12,30 € < 23,10 €

S. 38 **88** **a)** 3,45 € + 32,24 € = 35,69 €; **b)** 7,60 € + 1,22 € = 8,82 €;
c) 23,81 € + 40,31 € + 6,44 € = 70,56 €; **d)** 139,40 € + 55 € + 7,99 € = 202,39 €;
e) 6,67 € + 5,01 € + 9,22 € = 20,90 €; **f)** 45,12 € – 12,67 € – 25,99 € = 6,46 €;
g) 8903,42 € – 3412 € – 29,77 € – 199 € = 5262,65 €

S. 38 **89** **a)** 5 · 6100 g = 30 500 g = 30,5 kg; **b)** 2 · 3400 mg = 6800 mg = 6,8 g;
c) 7 · 1950 kg = 13 650 kg = 13,65 t; **d)** 8 · 900 mg = 7200 mg = 7,2 g;
e) 15 · 5700 mg = 85 500 mg = 85,5 g; **f)** 25 · 1300 kg = 32 500 kg = 32,5 t

S. 39 **90** **a)** 760 g + 3 · 560,8 g + 282 g + 2,78 kg + 1,5 kg + 580 g = 760 g + 1682,4 g + 282 g + 2780 g + 1500 g + 580 g = 7584,4 g = 7,5844 kg
Herrn Ungers Einkaufskorb wiegt jetzt 7,5844 kg.

S. 39 **91** **a)** 14 h = 840 min; **b)** 50 min = 3000 s; **c)** 240 s = 4 min; **d)** 7 d = 168 h;
e) 2880 min = 2 d; **f)** 21 600 s = 6 h

S. 39 **92** **a)** 32,5 h; **b)** 188 h = 7 d 20 h; **c)** 11 h 30 min; **d)** 99 h 31 min = 4 d 3 h 31 min;
e) 115 h = 4 d 19 h; **f)** 474 h = 2 Wochen 5 d 18 h

S. 39 **93** **a)** 401 m^3 = 401 000 dm^3; **b)** 560 000 ml = 560 l; **c)** 90 cm^3 = 90 000 mm^3;
d) 479 ml = 479 cm^3; **e)** 58 000 000 mm^3 = 58 l; **f)** 7611 dm^3 = 7 611 000 cm^3

S. 39 **94** **a)** cm^2; **b)** m; **c)** mm^3; **d)** km^2; **e)** m; **f)** m^2

S. 40 **95** **a)** 6 a 87 m^2 = 687 m^2; 687 · 215 € = 147 705 €. Das Grundstück kostet 147 705 €.

S. 40 **96** **a)** 86 cm – 81 mm = 779 mm; **b)** 12 km – 7650 m = 4350 m;
c) 78 m^2 + 220 000 cm^2 = 100 m^2; **d)** 400 a + 70 000 000 m^2 = 7004 ha;
e) 600 cm^3 + 500 ml = 1,1 l; **f)** 50,08 cm^3 – 8790 mm^3 = 41,29 cm^3

2 Dreisatz, Prozent- und Zinsrechnung

S. 41/42 **1** **a), b), e)** direkt proportionale Zuordnung; **c), d), f)** indirekt proportionale Zuordnung

S. 42 **2** **a)** Auf beiden Seiten durch 50 dividiert, dann mit 150 multipliziert.
b) 5 Liter → x €; 3 Liter → 3,45 €; 1 Liter → 1,15 €; 5 Liter → 5,75 €
c) Linke Seite: dividiert durch 20, dann multipliziert mit 25; rechte Seite: multipliziert mit 20, dann dividiert durch 25.
d) 3 Maler → x h; 2 Maler → 6 h; 1 Maler → 12 h; 3 Maler → 4 h
e) Sieben Brötchen kosten 1,75 €. **f)** Es reicht für 4,5 Tage.

S. 43 **3** Nun muss sie 6,90 € für 6 Liter bezahlen.

S. 43 **4** **a)** Sie bekommt 16,50 €. **b)** Der Bericht war 55 Zeilen lang.
c) Sie hätte damals 9,35 € bekommen.

S. 44 **5** **a)** 43 %; **b)** $\frac{26}{100}$ = 26 %; **c)** $\frac{40}{100}$ = 40 %; **d)** $\frac{3}{4} = \frac{75}{100}$ = 75 %;

S. 44 **6** **a)** $\frac{7}{100}$ = 0,07; **b)** $\frac{23}{100}$ = 0,23; **c)** $\frac{44}{100}$ = 0,44; **d)** $\frac{115}{100}$ = 1,15;

S. 44 **7** **a)** $\frac{80}{100}$ = 80 %; **b)** $\frac{19}{20} = \frac{95}{100}$ = 95 %; **c)** $\frac{50}{250} = \frac{1}{5} = \frac{20}{100}$ = 20 %; **d)** $\frac{60}{3000} = \frac{1}{50}$ = 2 %

S. 45 **8** **a)** p % = 12 %; **b)** p % = 4 %; **c)** p % = 55 %; **d)** p % = 65 %; **e)** p % = 85 %; **f)** p % = 4,8 %

S. 45 **9** **a)** W = 30; **b)** W = 39; **c)** W = 308; **d)** W = 122,5; **e)** W = 10; **f)** W = 1,9395

S. 45 **10** **a)** G = 1100; **b)** G = 900; **c)** G = 1800; **d)** G = 1000; **e)** G = 5600; **f)** G = 1380

S. 46 **11** **a)**

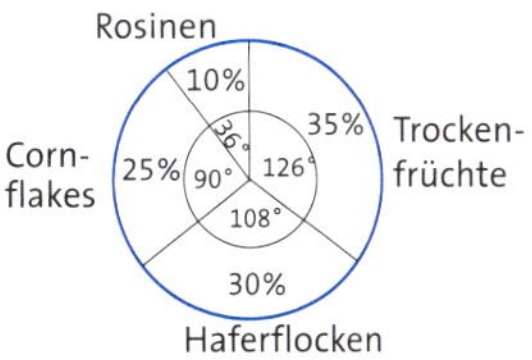

b)

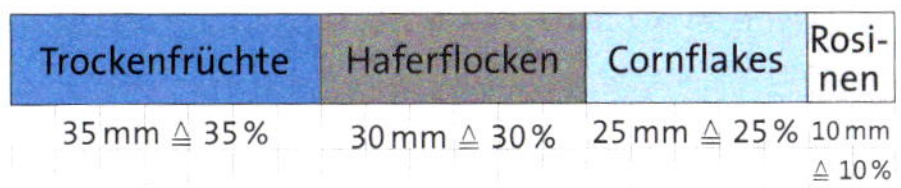

S. 46 **12** **a)** 3726 € · 19 % = 707,94 €. 707,94 € Steuern sind zu zahlen.
b) $G = \frac{2354{,}40}{72} \cdot 100 = 3270{,}00$ €. Die Arztrechnung betrug 3270,00 €.

S. 47 **13** **a)** $p\,\% = \frac{42\,565}{82\,464} \approx 51{,}62\,\%$. Etwa 51,62 % der Einwohner sind erwerbstätig.
b) Arbeitnehmer: $p\,\% = \frac{34\,317}{38\,672} \approx 88{,}74\,\%$; Selbstständige: $p\,\% = \frac{4355}{38\,672} \approx 11{,}26\,\%$.
Etwa 88,74 % der Erwerbstätigen sind Arbeitnehmer; etwa 11,26 % selbstständig.
c) 82 464 – 38 672 = 43 792; $p\% = \frac{43\,792}{82\,464} \approx 53{,}1\,\%$. Ungefähr 53,1 % der Gesamtbevölkerung sind nicht erwerbstätig.

S. 47 **14** 80 % entsprechen 23 600 €. Daraus folgt: 100 % entsprechen 29 500 €. Der Preis des Neuwagens betrug vor der Senkung 29 500 €.

S. 47 **15** Die Überschrift der Anzeige steht im Widerspruch zu ihrem Inhalt, denn jeder Vierte entspricht 25 % und nicht 4 % der Befragten.

S. 47 **16** Sechs Leute entsprechen 150 %, dementsprechend sind 100 % vier Leute. Der Fahrstuhl ist nur für vier Personen zugelassen.

S. 47 **17** Preis nach der 1. Senkung: 465,50 €; Preis nach der 2. Senkung: 418, 95 €; Senkung gesamt: 71,05 €. $p = \frac{71{,}05 \cdot 100}{490} = 14{,}5$. Der Preis wurde insgesamt um 14,5 % (nicht um 15 %!) gesenkt.

S. 48 **18** Von links nach rechts: Z = 18 €; p % = 5 %; K = 1200 €; Z = 106,86 €

S. 48 **19** t = 15 + 5 · 30 + 20 = 185 Tage; $Z_t = \frac{500 \cdot 2{,}5 \cdot 185}{100 \cdot 360} = 6{,}42$ €. Sie bekommt 6,42 € Zinsen.

S. 49 **20** $Z = \frac{K \cdot p}{100} = \frac{8000 \cdot 6{,}9}{100} = 552$ €. Die Firma muss jährlich 552 € Zinsen bezahlen.

S. 49 **21** A: $K_A = \frac{Z \cdot 100}{p} = \frac{26{,}64 \cdot 100}{3{,}7}$ € = 720 €; B: $K_B = \frac{Z \cdot 100}{p} = \frac{28{,}72 \cdot 100}{4}$ € = 718 €.
Am Anfang des Jahres befand sich auf Konto A der höhere Geldbetrag von 720 €.

S. 49 **22** Bank A: 1500 € Jahreszins, 125 € Monatszins; Bank B: 1900,08 € Jahreszins, Zinssatz: 9,5 %. Das Angebot der Bank A ist das wesentlich günstigere.

S. 49 **23** $p = \frac{Z \cdot 100}{K} = \frac{199 \cdot 100}{1000} = 19{,}9$. Der Zinssatz beträgt 19,9 %. Diesen Zinssatz kann man als Wucher bezeichnen.

S. 50 **24**

	Guthaben	Zinsen	neues Guthaben
2005	2400 €	60 €	2460 €
2006	2460 €	61,50 €	2521,50 €
2007	2521,50 €	63,04 €	2584,54 €

S. 50 **25** q = 1,0278; K_0 = 3800 € ; n = 5; $K_5 = 3800\text{ €} \cdot 1{,}0278^5 \approx 4358{,}40$ €.
Nach 5 Jahren ist das Kapital mit Zinseszinsen auf 4358,40 € angewachsen.

S. 51 **26** **a)** q = 1,04; $K_5 \approx 5718{,}27$ €; **b)** q = 1,052; $K_7 \approx 17\,111{,}63$ €;
c) q = 1,0375; $K_6 \approx 4427{,}48$ €

S. 51 **27** Mithilfe der Zinseszinsformel lässt sich schnell ausprobieren, wie viele Jahre nötig sind:
$K_{10} = 500\text{ €} \cdot 1{,}045^{10} \approx 776{,}48$ €; $K_{15} = 500\text{ €} \cdot 1{,}045^{15} \approx 967{,}64$ €;
$K_{16} = 500\text{ €} \cdot 1{,}045^{16} \approx 1011{,}19$ €. Im 16. Jahr verdoppelt sich das Kapital. Dies gilt (bei gleichen Bedingungen) auch für jedes andere Anfangskapital, also auch für 2000 €.

S. 51 **28** **a)** Zinsen nach 5 Monaten: 750 €, gesamte Rückzahlung: 15 750 €.

b) $Z = 15\,000 \cdot \left(1 + \frac{12}{100}\right)^5 = 26\,435{,}13$ €

Die gesamte Rückzahlung beträgt 26 435,13 €, d. h., es sind 11 435,13 € Zinsen zu zahlen.

S. 51 **29** Modell I: $q = 1{,}0428$; $n = 3$; $K_0 = 2000$ €; $K_3 = 2000\text{ €} \cdot 1{,}0428^3 \approx 2267{,}95$ €.

Modell II: Das Kapital berechnet man am schnellsten mit Hilfe des Zinsfaktors.

$2000\text{ €} \cdot 1{,}0375 = 2075$ €; $2075\text{ €} \cdot 1{,}0425 \approx 2163{,}19$ €; $2163{,}19\text{ €} \cdot 1{,}044 \approx 2258{,}37$ €

Das Modell I ist etwas günstiger.

S. 51 **30** Mit Zinseszins:

$K_5 = 12\,000 \cdot \left(1 + \frac{3}{100}\right)^5 \approx 13\,911{,}30$ €

Ohne Zinseszins:

Kapital nach 5 Jahren: $12\,000\text{ €} + 5 \cdot 360\text{ €} = 13\,800$ €. Werden die Zinsen mitverzinst, ist das Kapital um 111,30 € höher.

3 Geometrie

S. 52 **1** **a)–c)**

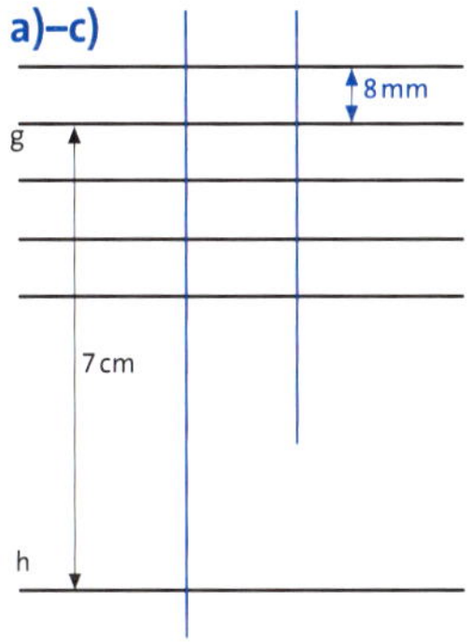

d)

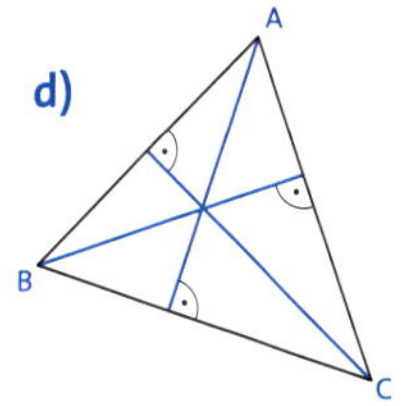

S. 52 **2** Parallele Geraden: a||d; e||g; senkrechte Geraden: a⊥e; a⊥g; e⊥d; g⊥d; c⊥f

S. 53 **3** **a)** Q liegt auf der Geraden durch A und B; P nicht.

b) Der Schnittpunkt S hat die Koordinaten S (6|7).

c) Die Punkte R (1|6) und T (5|12) liegen ebenfalls auf der Parallelen zu AB.

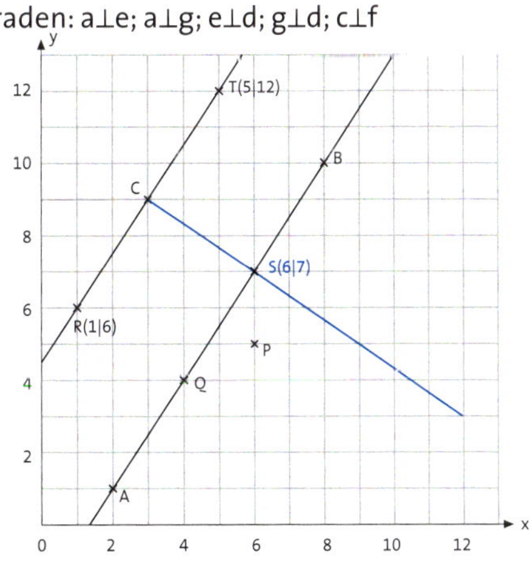

LÖSUNGEN

S. 53 **4** **a)** A (0|0); B (2|1); C (4|2); D (8|4); E (14|7); F (20|10);
b) A (1|16); B (7|4); C (3|12); D (8|2); E (3|12);
c) A (15|8); B (8|1); C (13|6); D (12|5); E (7|0); F (24|17)

S. 54 **5**

Symmetrie	Nummer der Verkehrszeichen
nur achsensymmetrisch	1; 9; 10; 14
nur drehsymmetrisch	4; 12
sowohl dreh- als auch achsensymmetrisch	2; 5; 8; 13; 15
keine Symmetrie	3; 6; 7; 11

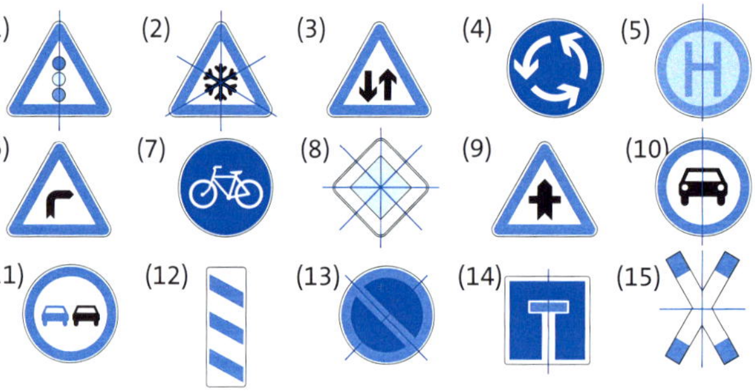

S. 55 **6**

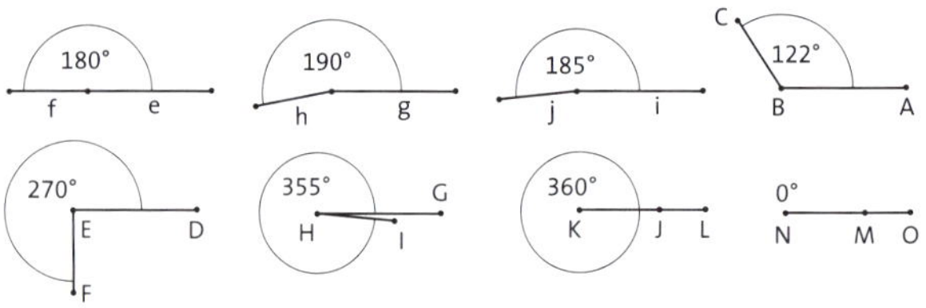

S. 55 **7** $\alpha = 45°$; $\beta = 120°$; $\gamma = 200°$; $\delta = 330°$

S. 56 **8** **a)**

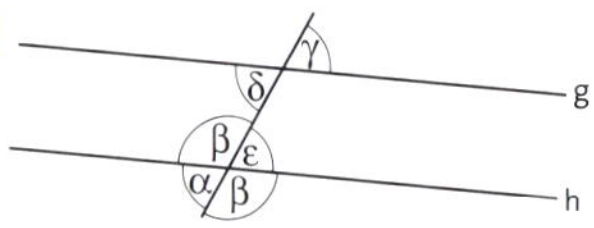

b) $\varepsilon = \alpha$ (Scheitelwinkel); $\varepsilon = \gamma$ (Stufenwinkel an Parallelen); $\varepsilon = \delta$ (Wechselwinkel an Parallelen)

S. 56 **9** **a)** $\alpha = 34°$; $\beta = 34°$; **b)** $\alpha = 100°$; $\beta = 80°$; **c)** $\alpha = 145°$; $\beta = 35°$; **d)** $\alpha = 120°$; $\beta = 60°$

S. 57 **10** **a)** 1. Halbiere die Strecke AB. Die Mittelsenkrechte schneidet AB in C. 2. Halbiere die Strecken AC und CB.
b) Zeichne eine Strecke der Länge 13,9 cm. Halbiere die Strecke genau wie im ersten Schritt der Lösung zu Teilaufgabe a).
c) Zeichne eine beliebige Strecke AB und konstruiere die Mittelsenkrechte. Diese schneidet AB im Punkt S. Der Winkel ∢BSC ist ein rechter Winkel.
d) 1. Konstruiere einen rechten Winkel wie in Teilaufgabe c). 2. Halbiere diesen, indem du einen Kreis um S zeichnest, der die beiden Schenkel des 90°-Winkels in E und F schneidet. Die Mittelsenkrechte zur Strecke EF schneidet EF im Punkt M und halbiert den 90°-Winkel. 3. Der Winkel ∢FSM ist ein 45°-Winkel.
e) Halbiere einen 45°-Winkel.
f) 1. Konstruiere einen 90°-Winkel. 2. Halbiere den 90°-Winkel. Du erhältst zwei 45°-Winkel: ∢FSM und ∢MSE. 3. Halbiere den Winkel ∢MSE. 4. Die Winkel-

halbierende W des Winkels ∢MSE schneidet ME im Punkt M'. 5. Der Winkel ∢FSM' ist ein Winkel von 67,5°.

a)

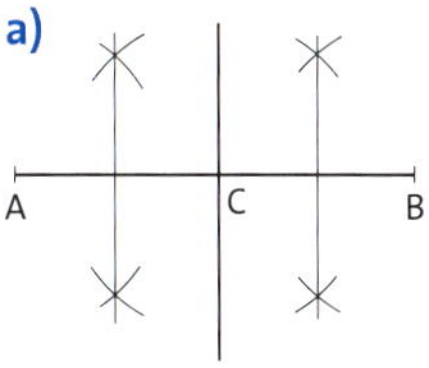

c)

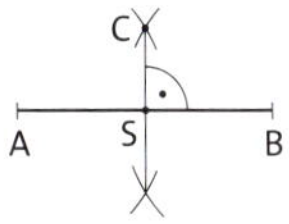

d)

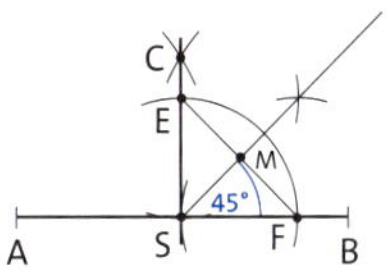

f)

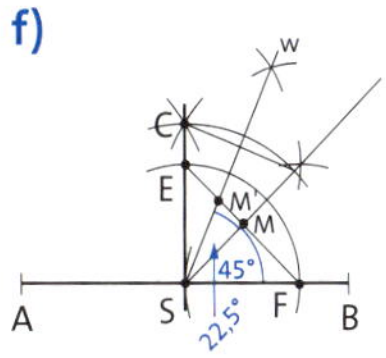

S. 57 **11** Halbiere α und β:
Der Winkel α wird durch w nicht halbiert, denn P liegt unterhalb von w. Q hingegen liegt exakt auf w und β wird durch w halbiert.

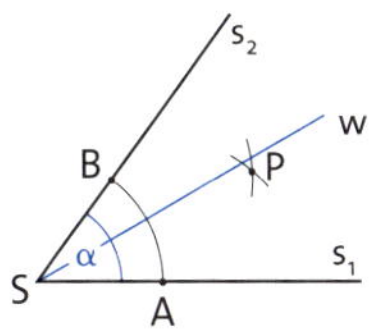

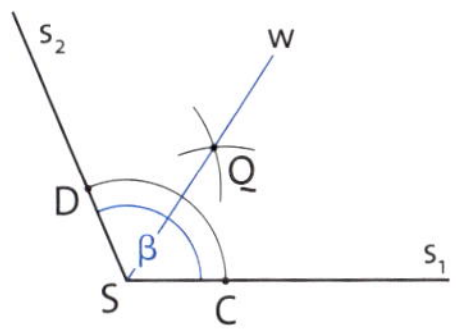

S. 58 **12**

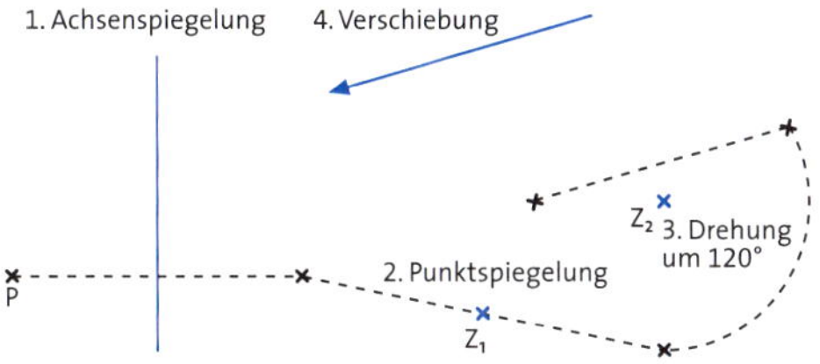

S. 58 **13** **a)** A' (5|3); B' (8|4); C' (6|6); **b)** A' (2,3|3,3); B' (3,2|6,3); C' (0,4|5,8)

S. 59 **14** **a)** x = 10; **b)** x = 2,7; **c)** x = 7

S. 59 **15** $\frac{x}{3{,}80\text{ m}} = \frac{1{,}80\text{ m}}{1{,}50\text{ m}}$; x = 4,56 m; 6,24 m; 9,60 m. Die Höhen der Bäume betragen 4,56 m; 6,24 m und 9,60 m.

S. 59 **16** **a)** $\frac{2\text{ cm}}{4\text{ cm}} = \frac{2{,}5\text{ cm}}{5\text{ cm}}$; g || h; $\frac{4\text{ cm}}{3\text{ cm}} = \frac{5\text{ cm}}{3{,}75\text{ cm}}$; h || i; $\frac{2\text{ cm}}{7\text{ cm}} = \frac{2{,}5\text{ cm}}{8{,}75\text{ cm}}$; g || i;

b) $\frac{4\text{ cm}}{9\text{ cm}} = \frac{5\text{ cm}}{11{,}25\text{ cm}}$; g || h; $\frac{9\text{ cm}}{5\text{ cm}} \neq \frac{11{,}25\text{ cm}}{6{,}75\text{ cm}}$; h nicht parallel zu i; $\frac{4\text{ cm}}{14\text{ cm}} \neq \frac{5\text{ cm}}{18\text{ cm}}$; g nicht parallel zu i

S. 60 **17** Richtige Antworten: 1, 3, 6

S. 60 **18**

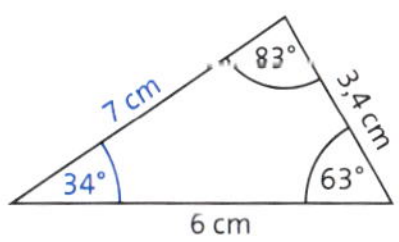

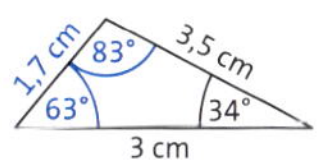

S. 61 **19** **a)** k ≈ 1,3; **b)** k ≈ 0,6

S. 61 **20** b' = 1,25 cm; c' = 3,25 cm

S. 61 **21** **a)**

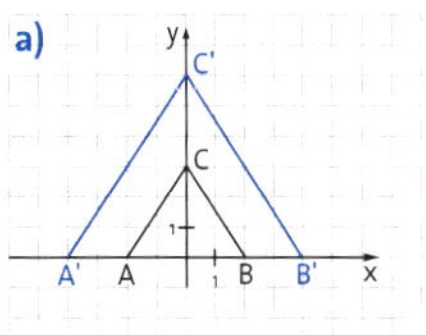

A' (–4|0),
B' (4|0),
C' (0|6),

b)

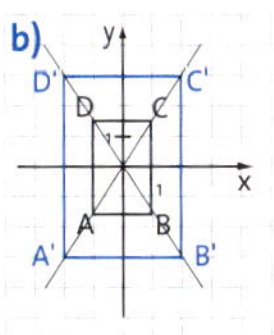

A' (–2|–3),
B' (2|–3),
C' (2|3),
D' (–2|3)

S. 62 **22** **a)** 12 cm^2; **b)** 3 m^2; **c)** 5 km^2; **d)** 600 m^2 = 6 a

S. 62 **23 a)**

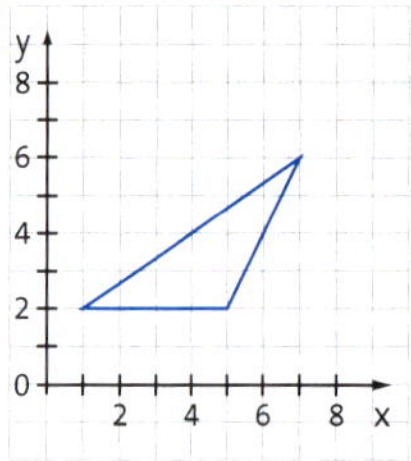

b) a = 45 mm; b = 73 mm; c = 40 mm; h_a = 36 mm; h_b = 22 mm; h_c = 40 mm;

c) $\frac{45 \cdot 36}{2}$ mm² = 810 mm²; $\frac{73 \cdot 22}{2}$ mm² = 803 mm²; $\frac{40 \cdot 40}{2}$ mm² = 800 mm²

d) Die Abweichungen in den ersten beiden Rechnungen aus c) entstehen durch Ungenauigkeiten beim Messen. Das Dreieck hat in den Flächeninhalt A = 800 mm² = 8 cm². (Die Werte in der dritten Rechnung aus c) sind exakt durch die Koordinaten von A, B und C vorgegeben.)

S. 63 **24** Die Summe aller Innenwinkel im Dreieck beträgt 180°.

S. 63 **25** Basiswinkel $\beta = 65°$; $\gamma = 50°$ (Innenwinkelsatz); $\delta = 115°$(Nebenwinkel); $\varepsilon = 30°$ (Innenwinkelsatz)

S. 63 **26 a)** Es gilt: $\alpha = 60°$; $\gamma_1 + \gamma_2 = 90°$; $\gamma_2 = \beta$
Daraus ergibt sich: $\gamma_1 = 60°$ und $\gamma_2 = 30°$ sowie $\delta = 60°$; $\varepsilon = 120°$ und $\beta = 30°$.

b) Es gilt: $\varepsilon = 110°$; $\gamma_1 + \gamma_2 = 90°$; $\gamma_2 = \beta$
Daraus ergibt sich: $\gamma_2 = \beta = 35°$; $\delta = 70°$ und $\alpha = \gamma_1 = 55°$.

c) Es gilt: $\gamma_1 = 65°$; $\gamma_1 + \gamma_2 = 90°$; $\gamma_2 = \beta$
Daraus ergibt sich: $\gamma_2 = 25°$; $\alpha = 65°$; $\delta = 50°$; $\varepsilon = 130°$; $\beta = 25°$.

d) Es gilt $\delta = 54{,}5°$; $\gamma_1 + \gamma_2 = 90°$; $\gamma_2 = \beta$
Daraus ergibt sich: $\alpha = \gamma_1 = 62{,}75°$ und $\varepsilon = 125{,}5°$; damit gilt auch $\gamma_2 = 27{,}25°$ und $\beta = 27{,}25°$.

S. 64 **27 a)** Man muss keine Höhe konstruieren, die Schenkel des rechten Winkels sind die Höhen h_a und h_b. Punkt C ist der Höhenschnittpunkt. (Die Höhen schneiden sich in einem Punkt.)

b)

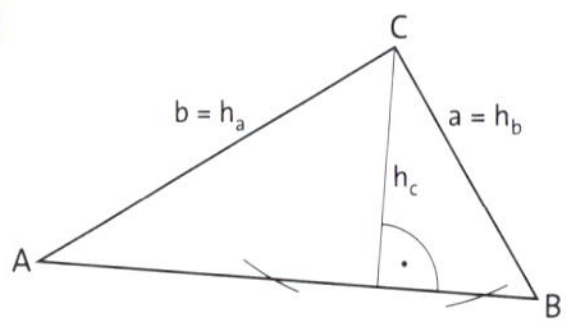

S. 64 **28** Deine Lösungen können beispielsweise so aussehen: Beim spitzwinkligen Dreieck liegt der Schnittpunkt der Mittelsenkrechten innerhalb, beim stumpfwinkligen Dreieck außerhalb des Dreiecks.

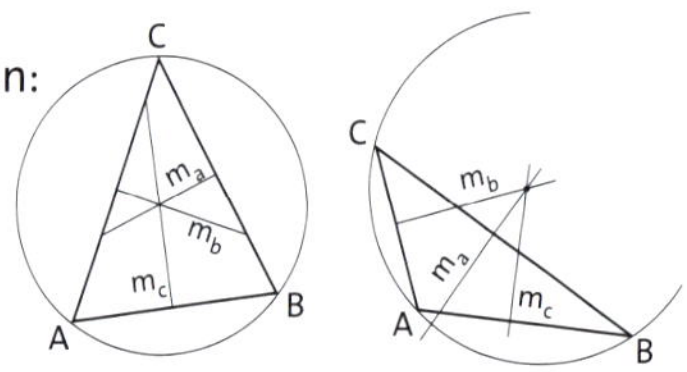

S. 64 **29** Der Mittelpunkt des Inkreises ist der Schnittpunkt der Winkelhalbierenden. Aus $\alpha + \beta + \gamma = 180°$ folgt: $\delta + \varepsilon + \varphi = 90°$.

S. 65 **30 a)** eindeutig konstruierbar (sss)

b) unendlich viele Lösungen (die Winkel aller Dreiecke sind gleich groß, aber die Seiten können unterschiedlich lang sein)

LÖSUNGEN

c) eindeutig konstruierbar (sws)

d) eindeutig konstruierbar (Ssw)

e) nicht konstruierbar, die Summe der Innenwinkel ist größer als 180°

f) nicht konstruierbar (Dreiecksungleichung: Die Summe der Länge zweier Seiten ist immer größer als die Länge der dritten Seite. Es ist aber $a + b < c$.)

S. 65 **31** **a)** RHT ≅ HST (Ssw); **b)** ABM ≅ DCM (sws); AMD ≅ BMC (sws); **c)** ABM ≅ DCM (wsw)
d) ABM ≅ BCM ≅ CDM ≅ DEM ≅ EAM (sws)

S. 66 **32** **a)** $\overline{RS} = 8{,}5$ cm; **b)** $\overline{TR} \approx 9{,}96$ cm; **c)** $\overline{RS} \approx 28$ cm; **d)** $\overline{ST} \approx 5{,}58$ dm; **e)** $\overline{TR} \approx 1{,}56$ km;
f) $\overline{ST} \approx 23{,}63$ m

S. 66 **33** e Flächendiagonale; f Raumdiagonale; $e^2 = a^2 + a^2 = 2a^2$; $e = \sqrt{2a^2}$; $f^2 = e^2 + a^2 = 3a^2$;
$f = \sqrt{3a^2}$; **a)** $e \approx 7{,}07$ cm; $f \approx 8{,}66$ cm; **b)** $e \approx 318{,}2$ mm; $f \approx 389{,}7$ mm

S. 66 **34** Die Seitenlänge a erhält man aus $a^2 + a^2 = d^2$ zu $a = \sqrt{\frac{d^2}{2}}$; $a \approx 12{,}50$ cm; $U \approx 50{,}01$ cm;
$A \approx 156{,}25\ \text{cm}^2$

S. 67 **35**

	a)	b)	c)	d)
a	≈ 8,1 cm	≈10,5 cm	≈ 9,0 cm	≈ 4,9 cm
b	≈ 6,7 cm	3,9 cm	≈ 11,4 cm	≈ 11.1 cm
c	≈ 10,5 cm	112 mm	1,45 dm	≈ 12,1 cm
p	6,2 cm	≈ 9,8 cm	56 mm	20 mm
q	4,3 cm	≈ 1,4 cm	≈ 8,9 cm	≈ 10,1 cm
h_c	≈5,2 cm	≈3,7 cm	≈7,1 cm	4,5 cm

S. 67 **36** Wahr sind **a)** bis **f)**.

S. 68 **37** **a)** $\tan 40{,}2° = \frac{4{,}2\ \text{cm}}{x}$; $x = \frac{4{,}2\ \text{cm}}{\tan 40{,}2°}$; $x \approx 4{,}97$ cm

b) $\cos 17{,}4° = \frac{x}{17{,}8\ \text{cm}}$; $x = 17{,}8\ \text{cm} \cdot \cos 17{,}4°$; $x \approx 16{,}99$ cm

c) $\sin 52° = \frac{x}{29\ \text{mm}}$; $x = 29\ \text{mm} \cdot \sin 52°$; $x \approx 22{,}85$ mm

d) $\cos 69{,}8° = \frac{x}{8\ \text{cm}}$; $x = 8\ \text{cm} \cdot \cos 69{,}8°$; $x \approx 2{,}76$ cm

S. 68 **38** **a)** $\sin\alpha = \frac{a}{c}$; $\alpha \approx 38{,}1°$; $\beta = 90° - \alpha$; $\beta \approx 51{,}9°$; $\cos\alpha = \frac{b}{c}$; $b = c \cdot \cos\alpha$; $b \approx 5{,}7$ cm
($a^2 = p \cdot c$; $p \approx 2{,}8$ cm; $q \approx 4{,}5$ cm; $h_c^2 = p \cdot q$; $h_c \approx 3{,}5$ cm)

b) $\cos\alpha = \frac{b}{c}$; $\alpha \approx 64{,}6°$; $\beta = 90° - \alpha$; $\beta \approx 25{,}4°$; $\sin\alpha = \frac{a}{c}$; $a = c \cdot \sin\alpha$; $a \approx 8{,}2$ dm
($a^2 = p \cdot c$; $p \approx 7{,}4$ dm; $q \approx 1{,}7$ dm; $h_c^2 = p \cdot q$; $h_c \approx 3{,}5$ dm)

c) $\tan\alpha = \frac{a}{b}$; $\alpha \approx 25{,}1°$; $\beta = 90° - \alpha$; $\beta \approx 64{,}9°$; $\sin\alpha = \frac{a}{c}$; $c = \frac{a}{\sin\alpha}$; $c \approx 5{,}4$ m;
($a^2 = p \cdot c$; $p \approx 1{,}0$ m; $q = 4{,}4$ m; $h_c^2 = p \cdot q$; $h_c \approx 2{,}1$ m)

S. 68 **39** $\tan\alpha = \frac{16\ \text{cm}}{28{,}5\ \text{cm}} = 0{,}5614$; $\alpha \approx 29{,}3°$. Der Neigungswinkel beträgt 29,3°.

S. 69 **40**

	Flächeninhalt A	Umfang U
a)	$108\ \text{cm}^2$	42 cm
b)	$9\ \text{m}^2$	12 m
c)	$240\ \text{cm}^2 = 2{,}4\ \text{dm}^2$	92 cm = 9,2 dm
d)	$600\ \text{mm}^2 = 6\ \text{cm}^2$	124 mm = 12,4 cm
e)	$675\ \text{cm}^2 = 6{,}75\ \text{dm}^2$	120 cm = 12 dm
f)	$64\,325\ \text{cm}^2$	1140 cm = 114 dm

S. 69 **41**

	Seitenlänge b	Umfang U
a)	5 cm	22 cm
b)	5 dm	26 dm
c)	5 m	34 m
d)	4 m	4008 m

S. 69 **42** **a)** $A = 5\text{ m} \cdot 4\text{ m} + 2\text{ m} \cdot 10\text{ m} + 2\text{ m} \cdot 8\text{ m} = 56\text{ m}^2$;
$U = 8\text{ m} + 4\text{ m} + 2\text{ m} + 5\text{ m} + 4\text{ m} + 5\text{ m} + 4\text{ m} + 2\text{ m} + 2\text{ m} + 2\text{ m} = 38\text{ m}$
b) $A = 2\text{ dm} \cdot 3\text{ dm} + 2\text{ dm} \cdot 6\text{ dm} + 1\text{ dm} \cdot 9\text{ dm} + 3\text{ dm} \cdot 7\text{ dm} = 48\text{ dm}^2$;
$U = 7\text{ dm} + 4\text{ dm} + 3\text{ dm} + 5\text{ dm} + 2\text{ dm} + 3\text{ dm} + 4\text{ dm} + 3\text{ dm} + 2\text{ dm} + 3\text{ dm} = 36\text{ dm}$

S. 70 **43** Es gilt: $\alpha + \beta + \gamma + \delta = 360°$. **a)** $\delta = 40°$; **b)** $\delta = 75°$; **c)** $\alpha = 135°$

S. 70 **44** **a)**
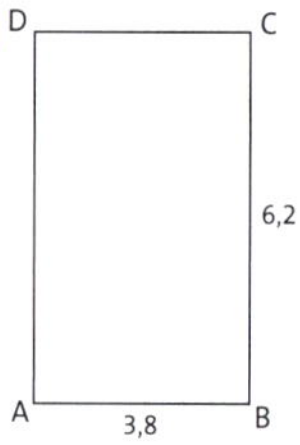

b)
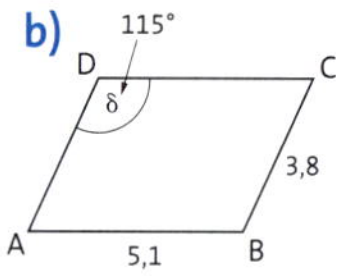

c)
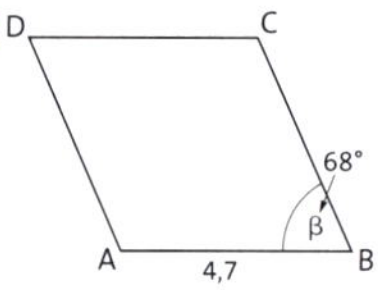

d)
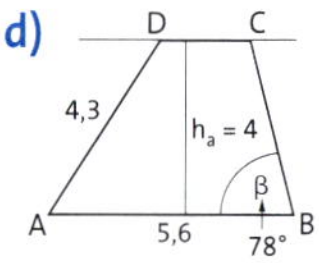

a) U = 20 cm; **b)** U = 17,8 cm; **c)** U = 18,8 cm; **d)** U = 16,9 cm (gemessen)

S. 70 **45** **a)** $A = a \cdot b$; $A = 23{,}6\text{ cm}^2$; **b)** $A = a \cdot h_a$; $A = 17{,}3\text{ cm}^2$; **c)** $A = a \cdot h_a$; $A = 20{,}2\text{ cm}^2$;
d) $A = \frac{a + c}{2} \cdot h_a$; $A = 17{,}2\text{ cm}^2$

S. 71 **46** Zu den Begründungen sind Skizzen sehr hilfreich.
a) wahr; **b)** wahr; **c)** falsch (unendlich viele); **d)** falsch; **e)** falsch; **f)** wahr

S. 71 **47** **a)** $A_1 = \frac{f \cdot h_1}{2}$; $A_1 \approx \frac{4{,}2\text{ cm} \cdot 2\text{ cm}}{2}$; $A_1 \approx 4{,}2\text{ cm}^2$; $A_2 = \frac{f \cdot h_2}{2}$; $A_2 \approx \frac{4{,}2\text{ cm} \cdot 0{,}7\text{ cm}}{2}$;
$A_2 \approx 1{,}5\text{ cm}^2$; $A = A_1 + A_2 \approx 5{,}7\text{ cm}^2$;
Das Grundstück hat also eine Größe von 570 m^2.
b) $U = a + b + c + d$; $U = 4{,}3\text{ cm} + 1{,}8\text{ cm} + 2{,}7\text{ cm} + 2{,}1\text{ cm} = 10{,}9\text{ cm}$. Der Zaun ist 109 m lang.

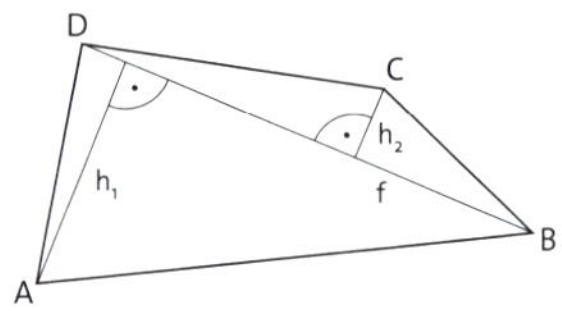

S. 72 **48** **a)**
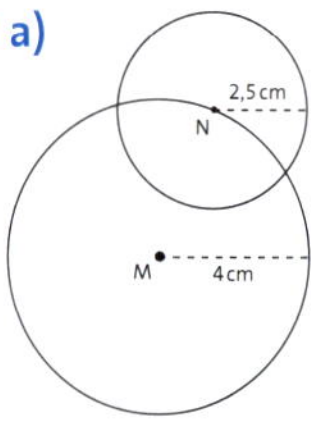

b)
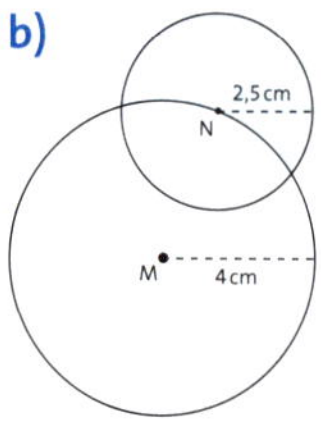

c)
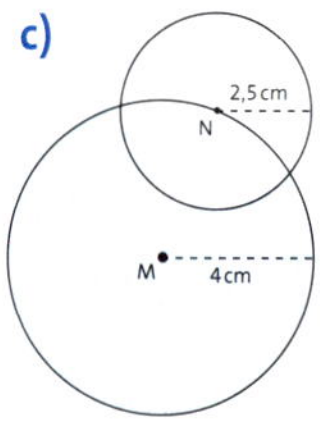

d)
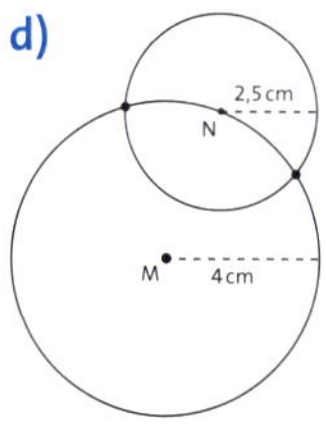

e) + f)
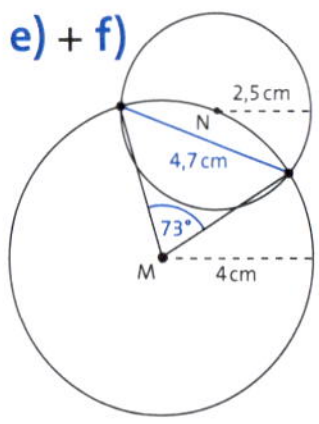

S. 72 **49** Umfang des Kreises, dessen Radius die Leinenlänge ist: $U = 2 \cdot \pi \cdot 5\text{ m} \approx 31{,}42\text{ m}$.
Bei drei Umrundungen legt Lucky also $3 \cdot 31{,}42\text{ m} \approx 94{,}25\text{ m}$ zurück.

S. 73 **50** **a)**
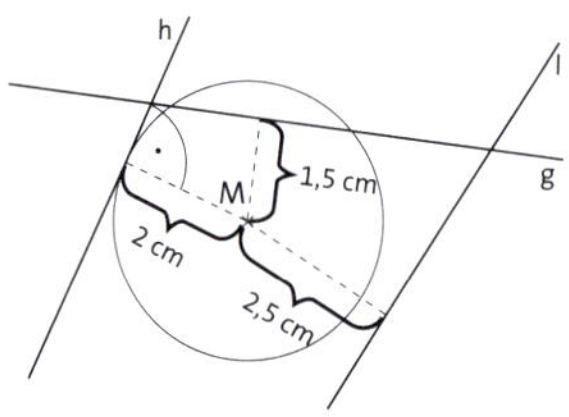

b) h ist Tangente; l ist Passante; g ist Sekante

S. 73 **51**

Winkel	Winkelart	Winkelgröße
α	Zentriwinkel	118°
β	Zentriwinkel	80°
γ	Peripheriewinkel	94°
δ	Peripheriewinkel	85°

S. 74 **52** **a)** Es handelt sich um ein Sehnenviereck. **b)** $\gamma = 102°$; $\delta_1 = 65°$;
c) $\delta_2 = \delta_3 = 65°$, da alle Peripheriewinkel über einem Kreisbogen gleich groß sind.

S. 74 **53** a + c = 123 cm, weil in einem Tangentenviereck die Summe gegenüberliegender Seitenlängen gleich groß ist.

S. 74 **54** **a)** $\delta = 56{,}5°$; **b)** $\beta = 123{,}1°$; **c)** $\alpha = 28{,}9°$
d) Angenommen, es handelt sich um ein Sehnenviereck: Im Sehnenviereck gilt: $\alpha + \gamma = 180°$.
Da hier $\gamma = 4\alpha$ gilt, müsste $5\alpha = 180°$ sein; also $\alpha = 36°$ und $\gamma = 144°$. Es muss aber auch gelten, dass $\beta + \delta = 180°$. Laut Aufgabenstellung gilt: $\beta = 2\alpha = 72°$ und $\delta = 102°$.
$72° + 102° = 174° \neq 180°$. Damit ist gezeigt, dass das angegebene Viereck kein Sehnenviereck ist.

S. 75 **55**

r	d	U	A	A/2
12,5 cm	25 cm	≈ 78,5 cm	≈ 491 cm²	≈ 245 cm²
≈ 2,26 dm	≈ 4,51 dm	≈ 14,2 dm	16 dm²	8 dm²
≈ 0,33 km	0,65 km	≈ 2,04 km	≈ 0,34 km²	≈ 0,17 km²
≈ 10,0 mm	≈ 20,0 mm	62,8 mm	≈ 314 mm²	≈ 157 mm²
≈ 1,6 m	≈ 3,2 m	≈ 10,1 m	7,6 m²	3,8 m²

S. 75 **56** $U = 2\pi \cdot r$; $U = 2\pi \cdot 6\,370\,000$ m; Erdumfang U = 40 023 890,41 m;
Erdumfang + 1 m = U* = 40 023 891,41 m; der Radius r* berechnet sich wie folgt:
$r^* = \frac{U^*}{2\pi} = \frac{40\,023\,891{,}41\text{ m}}{2\pi} = 6\,370\,000{,}16\text{ m}$
Die Differenz zwischen r* und r beträgt 16 cm, die Maus passt also sicher zwischen Band und Erde.

S. 75 **57** **a)** Durchmesser messen; Umfang berechnen; Streckenlänge durch Umfang dividieren (individuelle Lösung);
b) 28" d = 28 · 2,54 cm = 71,12 cm; U ≈ 2,23 m
Die Räder des Fahrrades haben 12 556 Umdrehungen durchgeführt.

S. 76 **58** **a)** b ≈ 5,7 cm; $A_S \approx 14{,}2$ cm²; **b)** b ≈ 18,7 cm; $A_S \approx 69{,}3$ cm²;
c) b ≈ 3,8 m; $A_S \approx 4{,}5$ m²; **d)** b ≈ 24,1 mm; $A_S \approx 83{,}1$ mm²;
e) b ≈ 27,1 dm; $A_S \approx 67{,}6$ dm²; **f)** b ≈ 0,11 m; $A_S \approx 0{,}03$ m²

S. 76 **59** $2x^2 = (3{,}5\text{ cm})^2$; $x \approx 2{,}5$ cm (x: Radius des Halbkreises);
A_1: Gesamtfläche; A_2: Fläche des Viertelkreises mit Radius 3,5 cm;
$A_1 \approx 0{,}5 \cdot \pi \cdot (2{,}5\text{ cm})^2 + 0{,}5 \cdot (3{,}5\text{ cm})^2$; $A_1 \approx 15{,}9\text{ cm}^2$;
$A_2 \approx 0{,}25 \cdot \pi \cdot (3{,}5\text{ cm})^2$; $A_2 \approx 9{,}6\text{ cm}^2$; $A_1 - A_2 \approx 6{,}3\text{ cm}^2$.
Die Größe der Sichelfläche beträgt 6,3 cm².

S. 77 **60** $\varepsilon = 180°$; $\alpha = 90°$ (Satz des Thales)

S. 77 **61** **a)** δ: Mittelpunktswinkel über dem Bogen BA ; γ: Umfangswinkel über dem gleichen Bogen; **b)** $\beta = 112°$; $\gamma = 124°$; $\delta = 248°$; **c)** $\varepsilon + \varphi = 180°$ (Sehnenviereck)

LÖSUNGEN

S. 78 **62** **a)**, **b)** und **f)** stellen jeweils ein Würfelnetz dar.

S. 78 **63** Maßstab 1 : 2.

a)

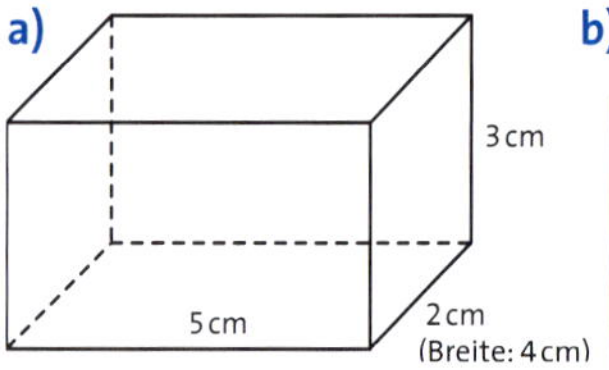

b)

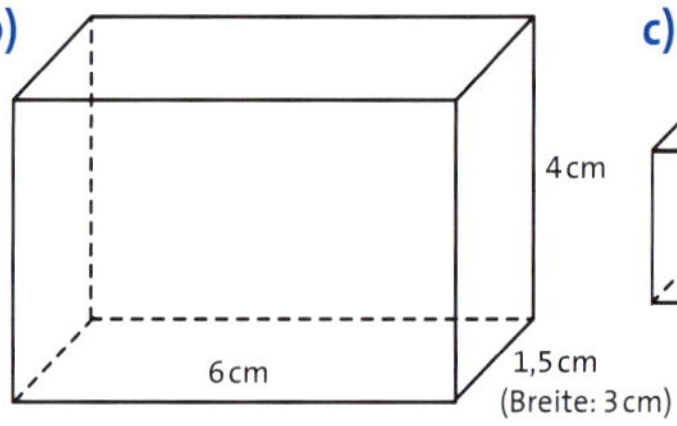

c)

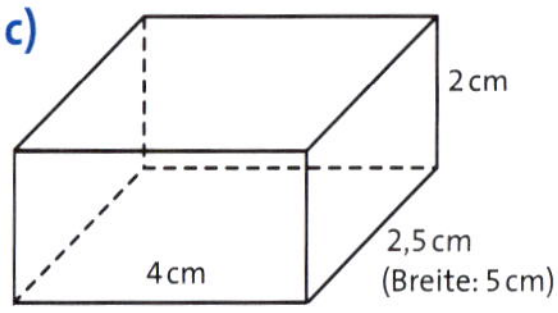

S. 79 **64**

	Volumen	Oberfläche
a)	432 cm^3	384 cm^2
b)	27 m^3	54 m^2
c)	1200 cm^3	940 cm^2
d)	9000 mm^3 = 9 cm^3	3060 mm^2 = 30,6 cm^2

S. 79 **65** 630 000 l = 630 000 dm^3; 15 m · 12 m = 180 m^2 = 18 000 dm^2; 630 000 dm^3 : 18 000 dm^2 = 35 dm = 3,5 m. Das Becken muss mindestens 3,5 m tief sein.

S. 79 **66** Außenquader: 2 dm · 2 dm · 3 dm = 12 dm^3; ausgeschnittener Würfel: 1 dm^3; Gesamtvolumen: 12 dm^3 – 1 dm^3 = 11 dm^3

S. 80 **67** **a)** V = 414,72 cm^3; **b)** V = 90 cm^3

S. 80 **68** **a)** $V = A_G \cdot h_K = a \cdot b \cdot h_K$; $b = \frac{V}{a \cdot h_K}$; b = 4,5 cm

b) $A_O = 2A_G + A_M$; $A_G = 36\ cm^2$; $A_M = 300\ cm^2$; $A_O = 372\ cm^2$

c)

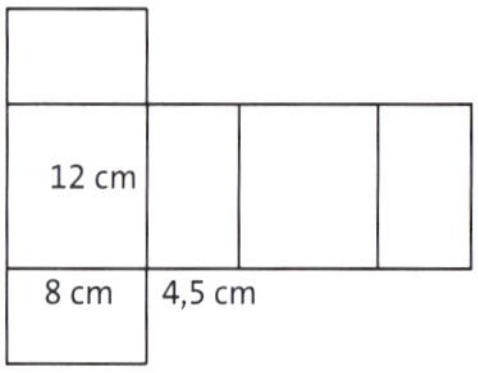

d) $L = 4 \cdot a + 4 \cdot b + 4 \cdot h_K$; L = 98 cm
Man braucht 98 cm Draht.

S. 81 **69**

	r	d	h	A_G	A_M	A_O	V
a)	5 cm	10 cm	8 cm	≈ 78,5 cm^2	≈ 251 cm^2	≈ 408 cm^2	≈ 628 cm^3
b)	21 mm	42 mm	≈ 30 mm	≈ 1385 mm^2	≈ 39,6 cm^2	≈ 67,3 cm^2	42,6 cm^3
c)	≈ 3,2 cm	≈6,4 cm	5 cm	32,2 cm^2	≈ 100,5 cm^2	≈ 165 cm^2	161 cm^3

S. 81 **70** V ≈ 169 646 cm^3 ; $m = \rho \cdot V$; m = 458 kg. Man kann das Rohr nicht alleine tragen.

S. 81 **71** $h \approx \frac{2000\ cm^3}{\pi \cdot (7{,}5\ cm)^2}$; h ≈ 11,3 cm. Es ist bis zu einer Höhe von 11,3 cm gefüllt.

S. 82 **72** **a)** $e^2 = 2a^2$; e ≈ 6,4 cm; $h_k = \sqrt{s^2 - \left(\frac{e}{2}\right)^2}$; $h_k \approx 7{,}3$ cm; $V = \frac{1}{3} \cdot a^2 \cdot h_k$; V ≈ 49,3 cm^3;

$h_a = \sqrt{h_k^2 + \left(\frac{a}{2}\right)^2}$; $h_a \approx 7{,}6$ cm; $A_O = A_G + A_M = a^2 + 4 \cdot \frac{a \cdot h_a}{2}$; $A_O \approx 88{,}7\ cm^2$

b) $V = \frac{1}{3} \cdot a^2 \cdot h_k$; V = 120 cm^3; $h_a = \sqrt{h_k^2 + \left(\frac{a}{2}\right)^2}$; $h_a \approx 10{,}44$ cm; $A_O \approx 161{,}3\ cm^2$

c) $h_k = \sqrt{h_a^2 - \left(\frac{a}{2}\right)^2}$; $h_k \approx 78{,}1$ cm; $V = \frac{1}{3} \cdot a^2 \cdot h_k$; V ≈ 31 891 cm^3; $A_O = 6825\ cm^2$

S. 82 **73** **a)** d = 24 cm; U ≈ 75,4 cm; V ≈ 1810 cm^3

b) r = 12,5 mm; $A_G = \pi \cdot r^2$; $A_G \approx 490{,}9\ mm^2$; $A_M = \pi \cdot r \cdot s$; $A_M \approx 1256{,}6\ mm^2$; $A_O = 1747{,}5\ mm^2$; $h^2 = s^2 - r^2$; h ≈ 29,5 mm; V ≈ 4827,2 mm^3

S. 82 **74** **a)** $V_{Pyramide} = \frac{1}{3} \cdot (30\ cm)^2 \cdot 45\ cm = 13\ 500\ cm^3$;
$V_{Spitze} = \frac{1}{3} \cdot (20\ cm)^2 \cdot 30\ cm = 4000\ cm^3$; $V_{Stumpf} = V_{Pyramide} - V_{Spitze} = 9500\ cm^3$;
b) $V_{Kegel} = \frac{1}{3} \cdot \pi \cdot (20\ cm)^2 \cdot 40\ cm \approx 16\ 755{,}2\ cm^3$;
$V_{Spitze} = \frac{1}{3} \cdot \pi \cdot (12{,}5\ cm)^2 \cdot 25\ cm \approx 4090{,}6\ cm^3$;
$V_{Stumpf} = V_{Kegel} - V_{Spitze} \approx 12\ 664{,}6\ cm^3$

S. 83 **75** **a)** $V = \frac{4}{3} \cdot \pi \cdot r^3 \approx 4{,}19\ cm^3$; $A_O = 4 \cdot \pi \cdot r^2 \approx 12{,}56\ cm^2$;
b) $r = 2\ cm$; $V \approx 33{,}51\ cm^3$; $A_O \approx 50{,}26\ cm^2$; **c)** $V \approx 7{,}24\ m^3$; $A_O \approx 18{,}10\ m^2$;
d) $V \approx 24\ 429{,}0\ mm^3 \approx 24{,}43\ cm^3$; $A_O \approx 4071{,}50\ mm^2 \approx 40{,}72\ cm^2$

S. 83 **76** Die Formel $A_O = 4 \cdot \pi \cdot r^2$ nach r aufgelöst ergibt: $r = \sqrt{\frac{A_O}{4 \cdot \pi}}$. Mit dieser Formel lässt sich der Radius berechnen: $r \approx 7{,}9\ cm$.
$V = \frac{4}{3} \cdot \pi \cdot r^3 \approx 2065{,}25\ cm^3$.

S. 83 **77** **a)** Ein Wassertropfen hat das Volumen $V = \frac{4}{3} \cdot \pi \cdot r^3 \approx 4{,}19\ mm^3$. Wassermenge pro Jahr: $4{,}19\ mm^3 \cdot 6 \cdot 60 \cdot 24 \cdot 365 \approx 13\ 213\ 584\ mm^3 \approx 13\ 213{,}6\ cm^3 \approx 13{,}21\ dm^3 = 13{,}21\ l$.
In einem Jahr werden durch diesen Wasserhahn 13,21 Liter verschwendet.
b) Nein, die Menge reicht nicht für ein Vollbad.

S. 83 **78** **a)** kleine Kugel: $V = \frac{4}{3} \cdot \pi \cdot r^3 \approx 4{,}19\ cm^3$; 5 kleine Stahlkugeln:
$4{,}19\ cm^3 \cdot 5 \approx 20{,}95\ cm^3$; neue Kugel: $20{,}95\ cm^3 \approx \frac{4}{3} \cdot \pi \cdot r^3$;
$r \approx 1{,}71\ cm$. Der Radius der neuen Kugel beträgt etwa 1,71 cm.
b) Oberfläche kleine Kugel: $A_O = 4 \cdot \pi \cdot r^2 \approx 12{,}57\ cm^2$; $12{,}57\ cm^2 \cdot 5 = 62{,}9\ cm^2$;
Oberfläche große Kugel: $A_O = 4 \cdot \pi \cdot (1{,}71\ cm)^2 \approx 36{,}75\ cm^2$. Die Oberflächen der kleinen Kugeln sind zusammen ungefähr 1,7-mal so groß wie die Oberfläche der großen Kugel.
c) $V_{Rest} = V_{Kugel} - V_{Abschnitt}$; $(r-h)^2 + R^2 = r^2$; daraus folgt $R \approx 1{,}21\ cm$;
$V_{Abschnitt} \approx \frac{\pi}{6} h\,(3R^2 + h^2) \approx 1{,}22\ cm^3$ und $V_{Rest} \approx 19{,}72\ cm^3$

4 Gleichungen und Funktionen

S. 84 **1** **a)** $(-12) + x = (-24)$; $x = (-12)$; **b)** $(-78) - x = 2$; $x = (-80)$;
c) $x + (-60) = (-20)$; $x = 40$; **d)** $x \cdot (-115) = (-690)$; $x = 6$; **e)** $x : 5 = (-9)$; $x = (-45)$;
f) $x - (-108) = (-18)$; $x = (-126)$; **g)** $(-12) \cdot x = (-24)$; $x = 2$; **h)** $(-80) : x = 2$; $x = (-40)$;
i) $x \cdot (-60) = (-300)$; $x = 5$

S. 84 **2** **a)** $(-5) + x = 13$; $x = 18$; **b)** $x \cdot (-3) = (-27)$; $x = 9$; **c)** $[(-18) + (-64)] - 79 = x$; $x = -161$

S. 85 **3** **a)** $x + 32 = 5x$; $x = 8$. Ingo ist 8, sein Vater 40 Jahre alt.
b) $y = \frac{y}{5} + 32$; $y = 40$. Der Vater ist 40 und Ingo 8 Jahre alt.

S. 85 **4** x sei die Maßzahl der Höhe in cm:
$x + x + x + x + 3x + 3x + 3x + 3x + 6x + 6x + 6x + 6x = 440$; $x = 11$.
Der Quader ist 11 cm hoch, 33 cm breit und 66 cm lang.

LÖSUNGEN

S. 85 **5** x sei der Betrag in €, den Bodo erhält: $x + 2x = 900 - 150$; $x = 250$. Bodo bekommt 250 €, Albert bekommt 500 €.

S. 86 **6** **a)** $L = \{18{,}5\}$; **b)** $L = \{31\}$; **c)** $L = \{89{,}2\}$; **d)** $L = \{-4\}$; **e)** $L = \{125\}$; **f)** $L = \{14{,}55\}$; **g)** $L = \{28\}$; **h)** $L = \{41{,}\overline{6}\}$

S. 86 **7** **a)** $4 \cdot x = 54$; $L = \{\frac{27}{2}\}$; **b)** $2 \cdot x = -111$; $L = \{-\frac{111}{2}\}$; **c)** $5 \cdot x - \frac{7}{2} = \frac{3}{2}$; $L = \{1\}$;
d) $x^2 - 11{,}3 = 157{,}7$; $L = \{13\}$; **e)** $1 + \frac{x}{3} = -110$; $L = \{-333\}$

S. 86 **8** **a)** x = Preis für Michaels Eintrittskarte: $3 \cdot x + x = 12{,}80$; $x = 3{,}20$; also kostet Michaels Karte 3,20 €, die des Vaters 9,60 €.
b) $2 \cdot 9{,}60 + 3 \cdot 3{,}20 = 28{,}80$. Ja, es lohnt sich, eine Familienkarte zu nehmen, denn sie sparen mit der Familienkarte 6,30 €.
c) $2 \cdot 9{,}60 + 1 \cdot 3{,}20 = 22{,}40$. Ja, es lohnt sich noch, eine Familienkarte zu nehmen, auch wenn nur ein Kind dabei ist, denn sie sparen mit der Familienkarte 10 ct.

S. 87 **9** **a)** $L = \{13\}$; **b)** $L = \{-9\}$; **c)** $L = \{\frac{3}{2}\}$; **d)** $L = \{\frac{47}{14}\}$; **e)** $L = \{-100\}$; **f)** $L = \{-8\}$; **g)** $L = \{\}$; **h)** $L = \{\}$

S. 87 **10** **a)** $L = \{x \mid x < 15\}$; **b)** $L = \mathbb{Q}$; **c)** $L = \{x \mid x > -25\}$; **d)** $L = \{x \mid x \leq 20\}$;

S. 88 **11** **a)** $x = 2{,}5$; **b)** $x = 1$; **c)** $x = 2$; **d)** $x = 2$; **e)** $x = 18$; **f)** $x = -5$

S. 88 **12** **a)** $y = 3x - 1{,}5$; $x = 3$; **b)** $y = -\frac{1}{2}x - 2$; $x = 2$;
c) $-3x = -9$ ist gleichbedeutend mit $3x = 9$ und gleichbedeutend mit $3x - 1{,}5 = 7{,}5$. Daraus folgt: $y = 3x - 1{,}5 = 7{,}5$; damit gilt $x = 3$.

S. 88 **13** **a)** $y = 2x - 1$; **b)** $y = 0{,}75x + 3$; **c)** $y = 2x - 1$; **d)** $y \leq -\frac{2}{3}x + \frac{1}{2}$; **e)** $y > \frac{3}{2}x + \frac{3}{4}$; **f)** $y = -\frac{1}{2}x + 4$

S. 89 **14**

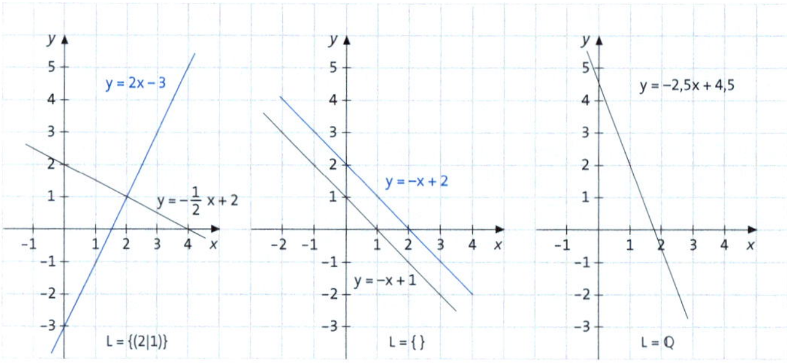

S. 89 **15** **a)** $x = 2$; $y = -1$; $L = \{(2|-1)\}$; **b)** $x = 23$; $y = 4$; $L = \{(23|4)\}$;
c) $x = 11$; $y = -14$; $L = \{(11|-14)\}$

S. 90 **16** **a)** $x = 5$; $y = 3$; $L = \{(5|3)\}$; **b)** Das LGS hat unendlich viele Lösungen;
c) $x = 11$; $y = 7$; $L = \{(11|7)\}$

S. 90 **17** **a)** $x = 3{,}5$; $y = 11{,}75$; $L = \{(3{,}5|11{,}75)\}$; **b)** $x = -4$; $y = -33$; $L = \{(-4|-33)\}$;
c) $x = \frac{11}{3}$; $y = \frac{35}{9}$; $L = \{(\frac{11}{3}|\frac{35}{9})\}$; **d)** $x = \frac{19}{7}$; $y = 32$; $L = \{(\frac{19}{7}|32)\}$

S. 90 **18** **a)** $x = 2$; $y = 3$; $L = \{(2|3)\}$; **b)** $x = 2{,}5$; $y = 2$; $L = \{(2{,}5|2)\}$; **c)** $x = 3$; $y = 7$; $L = \{(3|7)\}$

S. 90 **19** Auf der Wiese von Bauer Schneider weiden 31 Gänse und 14 Ziegen.

S. 91 **20** **a)** $L = \{-9;9\}$; **b)** $L = \{-13;13\}$; **c)** $L = \{-5;5\}$; **d)** $x^2 = -144$; $L = \{\}$; **e)** $L = \{-3;3\}$;
f) $(x + 7)^2 - 3 = 1 \Leftrightarrow (x + 7)^2 = 4$; $x + 7 = -2$ oder $x + 7 = 2$; $L = \{-9;-5\}$

S. 91 **21** **a)** $L = \{0;5\}$; **b)** $L = \{0;0{,}5\}$; **c)** $L = \{-2;0\}$; **d)** $L = \{-12;0\}$

S. 91 **22** **a)** $(x + 8)^2 = 0$; $L = \{-8\}$; **b)** $(x - 9)^2 = 0$; $L = \{9\}$; **c)** $5(x - 1)^2 = 0$; $L = \{1\}$;
d) $(x - 12)^2 = 0$; $L = \{12\}$

S. 91 **23** Die Graphen der linearen Funktionen g_a bis g_f sowie der Graph der Funktion $f(x) = x^2$:

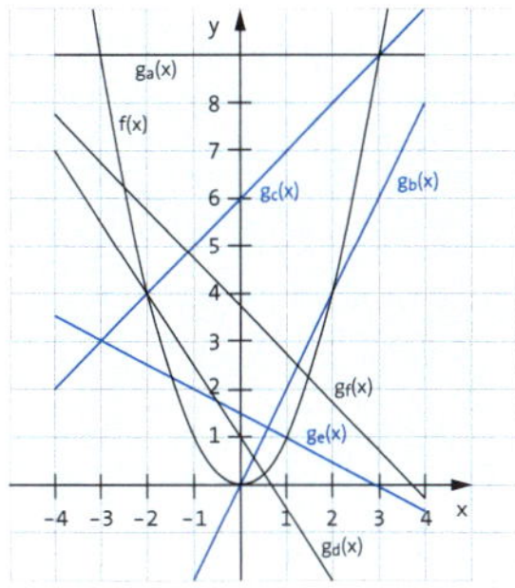

lineare Funktion	Schnittstellen mit $f(x) = x^2$		Lösung der quadratischen Gleichung
$g_a(x) = 9$	$x_{a1} = -3$	$x_{a2} = 3$	$L_a = \{-3;3\}$
$g_b(x) = 2x$	$x_{b1} = 2$	$x_{b2} = 0$	$L_b = \{2;0\}$
$g_c(x) = x + 6$	$x_{c1} = -2$	$x_{c2} = 3$	$L_c = \{-2;3\}$
$g_d(x) = -1{,}5x + 1$	$x_{d1} = -2$	$x_{d2} = 0{,}5$	$L_d = \{-2;0{,}5\}$
$g_e(x) = -0{,}5x + 1{,}5$	$x_{e1} = -1{,}5$	$x_{e2} = 1$	$L_e = \{-1{,}5;1\}$
$g_f(x) = -x + 3{,}75$	$x_{f1} = 1{,}5$	$x_{f2} = -2{,}5$	$L_f = \{1{,}5;-2{,}5\}$

S. 92 **24** **a)** $f(x) = \frac{8}{x}$ mit $D_f = \mathbb{Q}\setminus\{0\}$; **b)** $f(x) = \frac{11}{3x}$ mit $D_f = \mathbb{Q}\setminus\{0\}$; **c)** $f(x) = \frac{3}{2}$ mit $D_f = \mathbb{Q}\setminus\{0\}$;
d) $f(x) = \frac{2x^2 - 14x}{x^2 - 4}$ mit $D_f = \mathbb{Q}\setminus\{-2;2\}$

S. 92 **25** **a)** $x = 8$; **b)** $x_1 = -\frac{2}{3}$; $x_2 = 3$; **c)** Umformungen führen zur wahren Aussage $0 = 0$.
Für x kann jeder Wert aus dem Definitionsbereich eingesetzt werden.

S. 92 **26** **a)** $x = 4$; **b)** $x = -1$; **c)** $0 = 0$. Für x kann jeder Wert aus dem Definitionsbereich eingesetzt werden.

S. 93 **27** **a)** $z = 7$; $y = 5$; $x = 6$; $L = \{(6;\ 5;\ 7)\}$; **b)** $x = 1$; $y = 3$; $z = -2$; $L = \{(1;\ 3;\ -2)\}$; **c)** $x = 1$; $y = 0$; $z = 4$; $L = \{(1;\ 0;\ 4)\}$; **d)** $x = 5$; $y = 3$; $z = 1$; $L = \{(5\ ;3\ ;1)\}$

S. 93 **28** $L = \{(3{,}5;\ 1{,}5;\ 2{,}5)\}$. Ja, die Kanten des Quaders sind 3,5 cm; 1,5 cm und 2,5 cm lang.

S. 93 **29** Lösung: $x = 43$; $y = 33$; $z - 13$; $L - \{(42;\ 33;\ 13)\}$. Die Eltern sind 43 bzw. 33 und das Kind ist 13 Jahre alt.

S. 94 **30** **a)** $x^2 - 5x + 6 = 0$; $x_1 = 2$; $x_2 = 3$; $L = \{2;3\}$ **b)** $x^2 - 3x - 40 = 0$; $x_1 = -5$; $x_2 = 8$; $L = \{0;8\}$

S. 94 **31** **a)** $x^2 - x + \frac{2}{3} = 0$; $L = \{\}$; **b)** $x^2 - 17x + 5 = 0$; $L = \left\{\frac{17}{2} + \frac{\sqrt{269}}{2}; \frac{17}{2} - \frac{\sqrt{269}}{2}\right\}$;
c) $2x^2 - 2x = 4x + 36$; $x^2 - 3x - 18 = 0$; $L = \{-3;6\}$; **d)** $x^2 - 3x + 8 = 0$; $L = \{\}$

S. 94 **32** **a)** $1 + (-5) = -4$; somit $p = 4$; $1 \cdot (-5) = -5$, somit $q = -5$.
b) $2 + (-4) = -2 = -p$, somit $p = 2$; $2 \cdot (-4) = -8 = q$.
Beide Male sind die angegebenen Lösungsmengen richtig.

S. 94 **33** **a)** $x_1 = -1$; $x_2 = -7$; $L = \{-1;-7\}$; **b)** $x_1 = 5$; $x_2 = -4$; $L = \{5;-4\}$;
c) $x^2 - 10x - 96 = 0$; $x_1 = -6$; $x_2 = 16$; $L = \{-6;16\}$;
d) $x_1 = -5$; $x_2 = -1$; $L = \{-5;-1\}$; **e)** $x^2 - 2x - 3 = 0$; $x_1 = -1$; $x_2 = 3$; $L = \{-1;3\}$
f) $x^2 - 5x + 6 = 0$; $x_1 = 2$; $x_2 = 3$; $L = \{2;3\}$

S. 95 **34** Die Teilaufgaben c, f, h sind mithilfe der binomischen Formeln zu lösen.

a) $x^2 + 7x + 12{,}25 = -36{,}75$; L = { }; **b)** $x^2 - 4x + 4 = -1$; L = { };
c) $(x + 4)^2 = 0$; $x = -4$; L = {–4};
d) $(x + 4)^2 = 8$; $x_1 = \sqrt{8} - 4$; $x_2 = -\sqrt{8} - 4$; L = $\{\sqrt{8} - 4; -\sqrt{8} - 4\}$;
e) $x_1 = 2$; $x_2 = -4$; L = {2;–4}; **f)** $(x-1)^2 = 0$; $x = 1$; L = {1};
g) $(x - 3)^2 = 0$; $x = 3$; L = {3};
h) $x^2 - 3x + \frac{9}{4} = 0 \Leftrightarrow x^2 - 3x + 2{,}25 = 0 \Leftrightarrow (x - 1{,}5^2) = 0$; $x = 1{,}5$; L = {1,5};
i) $x_1 = -10$; $x_2 = 2$; L = {–10; 2}; **j)** $x_1 = -6$; $x_2 = 1$; L = {–6; 1}
k) $x^2 + 8x + 16 = 4 \Leftrightarrow (x + 4)^2 = 4$; $x_1 = -6$; $x_2 = -2$; L = {–6; –2}

S. 95 **35** $A = 2{,}5\text{ m} \cdot 8{,}1\text{ m} = 20{,}25\text{ m}^2$; $a^2 = 20{,}25\text{ m}^2$; $a = 4{,}5$ m. Das quadratische Grundstück hat eine Seitenlänge von 4,5 m.

S. 96 **36** **a)** L = {81}; **b)** L = {2,5}; **c)** L = $\{-\frac{14}{3}\}$; **d)** L = {4}; **e)** L = {1,5}; **f)** L = $\{-\sqrt{2}\}$

S. 96 **37** **a)** L = {4}; **b)** L = {1; 9}; **c)** L = {25}

S. 96 **38** **a)** L = $\{t^2\}$, $t \geq 0$; **b)** L = $\{t^2\}$, $t \leq 0$; **c)** L = $\{t^2 - 2\}$, $t \geq 0$

S. 97 **39** Näherungswerte: **a)** 1,892; **b)** 0,151; **c)** –3,585; **d)** –1,446; **e)** –3,969; **f)** 1,861; **g)** 0,905; **h)** –1,322; **i)** 2,367; **j)** 1,778; **k)** 499996,5; **l)** –0,995

S. 97 **40** **a)** $0{,}75 \cdot 1{,}4^x = 1{,}5$; $x \approx 2{,}1$; nach ca. 2 Wochen; **b)** $0{,}75 \cdot 1{,}4^x = 2{,}25$; $x \approx 3{,}3$; nach ca. 3 Wochen; **c)** $0{,}75 \cdot 1{,}4^x = 30$; $x \approx 10{,}9$; nach ca. 11 Wochen

S. 98 **41** **a)**

Anzahl Frikadellen	1	15	20	25	35
Preis in €	1,25	18,75	25	31,25	43,75

Es handelt sich um eine proportionale Zuordnung mit der Zuordnungsvorschrift $y = 1{,}25 \cdot x$, da $m = 1{,}25$.

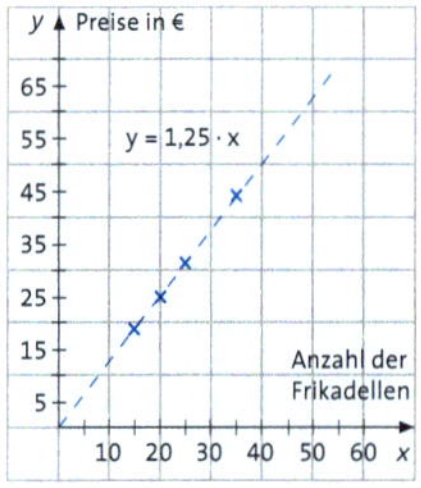

b)

Anzahl Personen	1	15	20	25	30
Kosten in €	60	4	3	2,40	2

Es handelt sich um eine indirekt (umgekehrt) proportionale Zuordnung mit der Zuordnungsvorschrift $y = \frac{60}{x}$, da $k = 60$.

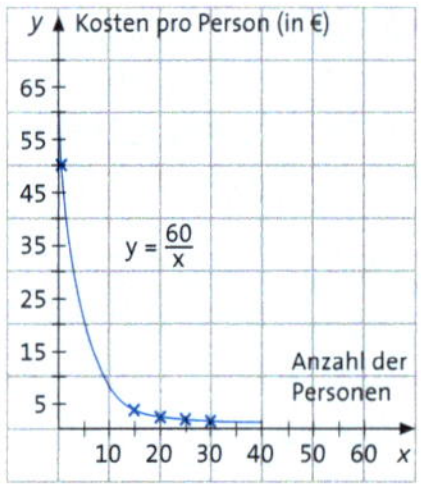

S. 99 **42** **a)** Es sind 24 Schüler in der Klasse 7b.
b)

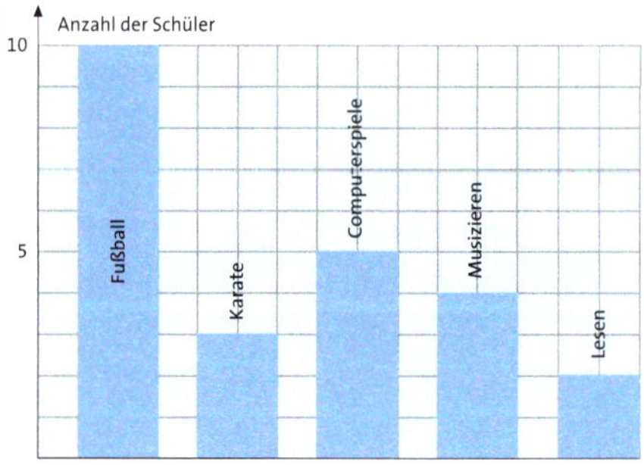

S. 99 **43** **a)** Zwischen dem 1. und dem 7. Tag sowie zwischen dem 14. und 15. Tag lag der Wasserstand über dem Durchschnittswert. Zwischen dem 7. Tag und dem 14. Tag lag der Wasserstand unter dem Durchschnittswert.

b) Am 7. Tag und ungefähr am 14. Tag entsprach der Wasserstand dem Durchschnittswert.

c) 4. Tag: ca. 5 cm über dem Durchschnittswert, 10. Tag: ca. 10 cm unter dem Durchschnittswert (–10 cm).

d) Zwischen dem 1. und dem 11. Tag ist der Wasserstand gefallen, zwischen dem 11. und dem 15. Tag ist der Wasserstand gestiegen.

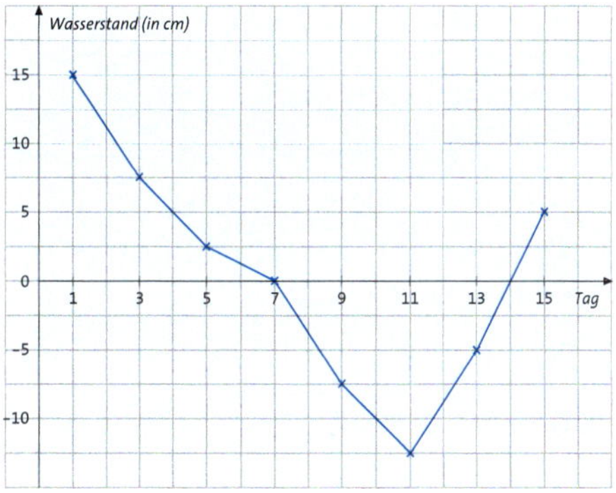

S. 100 **44** **a)** Katharina war die Schnellste. **b)** Katja konnte während des gesamten Laufes die Geschwindigkeit halten und wurde Zweite. **c)** Susi ist am schnellsten gestartet, musste aber nach 1 km eine Pause einlegen. Sie wurde von Katharina und von Katja überholt. Nachdem Susi den Lauf wieder aufgenommen hatte, schaffte sie es, Katja zu überholen, und konnte auch Katharina einholen. 0,75 km vor dem Ziel brach Susi wiederum zusammen und musste zusehen, wie erst Katja und schließlich auch Lea sie überholten. **d)** Lea hingegen hatte Startschwierigkeiten, holte aber auf. Den letzten Kilometer lief sie genauso schnell wie Katharina, allerdings 1000 m hinter ihr. So kam sie als Dritte ins Ziel. **e)** Susi hat das Ziel nicht erreicht.

S. 100 **45** Punkt A liegt nur auf dem Graphen der Funktion $y = -\frac{4}{3}x + 3$. Punkt B liegt nur auf dem Graphen der Funktion $y = -1$. Punkt C liegt auf keinem der Graphen. Punkt D liegt auf dem Graphen der Funktionen $y = \frac{4}{5}x - \frac{1}{2}$ und $y = -1$.

S. 101 **46** Gleichungen linearer Funktionen: $y = 0$; $2x - 3y = 6$; $y - 2x = 0$; $x = 6y$; $y = 6$

S. 102 **47**

Funktionsgleichung	zugehöriger Graph
$y = \frac{2}{3} + 2$	f_2
$y = -4x - 2$	f_3
$y = 5x + 10$	f_4
$y = -\frac{3}{2}x + 7$	f_1

S. 102 **48**

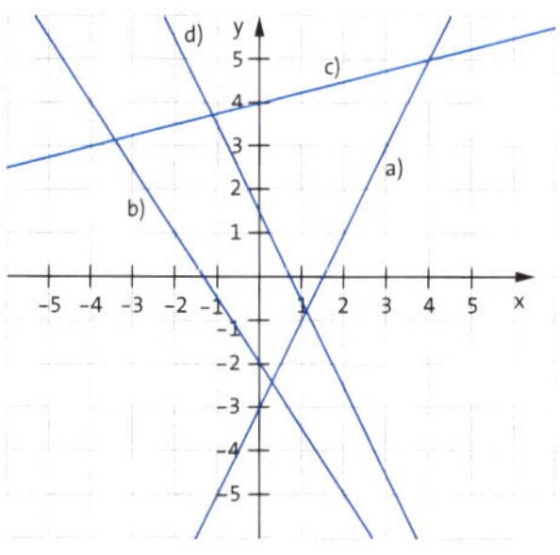

S. 102 **49** **a)** P (3|6); **b)** P (1,75|–1); **c)** P (–16|–4)

S. 102 **50** **a)** $m = 2$; **b)** $m = -\frac{1}{10}$; **c)** $m = \frac{1}{15}$; **d)** $m = 0$

S. 103 **51** **a)** Funktion, jedem Jungen wird genau eine Schwester zugeordnet;
b) keine Funktion, da z. B. Regina mehrere Brüder hat (keine eindeutige Zuordnung);
c) keine Funktion, da der Zahl 3 zwei Zahlen (5 und 8) zugeordnet werden;
d) keine Funktion, es gibt nur einen x-Wert, diesem werden unendlich viele y-Werte zugeordnet;
e) Funktion, weil jedem x genau ein y zugeordnet wird;
f) keine Funktion, da einigen x-Werten mehrere y-Werte zugeordnet werden.

S. 104 **52** **a)** Im Intervall $I_1 = [-5;0]$ steigend, ansonsten fallend; **b)** H (0|5); **c)** nein;
d) S_x (5|0); **e)** S_y(0|5); **f)** nein

S. 104 **53** **a)** Die Währungen (der Geldbetrag in) Dänische Kronen und Euro;
b) der Eurobetrag; **c)** der Kronenbetrag; **d)** $y = 7{,}5x$. Um eine lineare Funktion.
e)

Euro	Dänische Kronen
1	7,50
50	375,00
100	750,00
150	1125,00
200	1500,00
250	1875,00
300	2250,00

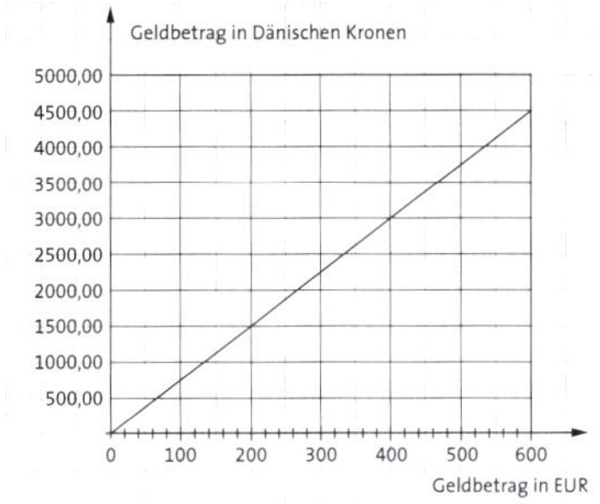

S. 105 **54** **a)**

x	$f_1(x) = x^2$	$f_2(x) = \frac{1}{2}x^2$	$f_3(x) = 2x^2$
−4	16	8	32
−3,5	12,25	6,125	24,5
−3	9	4,5	18
−2,5	6,25	3,125	12,5
−2	4	2	8
−1,5	2,25	1,125	4,5
−1	1	0,5	2
−0,5	0,25	0,125	0,5
0	0	0	0
0,5	0,25	0,125	0,5
1	1	0,5	2
1,5	2,25	1,125	4,5
2	4	2	8
2,5	6,25	3,125	12,5
3	9	4,5	18
3,5	12,25	6,125	24,5
4	16	8	32

b)

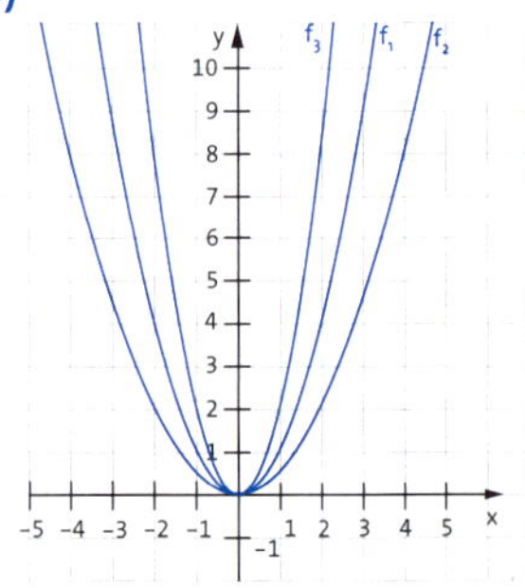

S. 105 **55** **a)** Der Graph ist nach unten geöffnet und weiter als die NP (gestaucht).
b) Der Graph ist nach oben geöffnet und enger als die NP (gestreckt).
c) Der Graph ist nach oben geöffnet und weiter als die NP (gestaucht).
d) Der Graph ist nach unten geöffnet und enger als die NP (gestreckt).
e) Der Graph ist nach oben geöffnet und weiter als die NP (gestaucht).

S. 106 **56** **a)** $f_a(x) = x^2 + 1$; **b)** $f_b(x) = (x + 3)^2 - 3$; **c)** $f_c(x) = -(x - 2)^2 + 1$; **d)** $f_d(x) = -(x - 4)^2 - 1$

S. 106 **57** **a)** S (0|0). Der Graph ist nach oben geöffnet und (gegenüber der NP) nicht verschoben. Der Graph ist enger als die NP (gestreckt).

b) S (0|–2). Der Graph ist nach oben geöffnet und (gegenüber der NP) um 2 nach unten verschoben. Der Graph ist weiter als die NP (gestaucht).

c) S (1|–4). Der Graph ist nach unten geöffnet und (gegenüber der NP) um 1 nach rechts und um 4 nach unten verschoben. Der Graph ist enger als die NP (gestreckt).

d) S (0|0,5). Der Graph ist nach unten geöffnet und (gegenüber der NP) um 0,5 nach oben verschoben. Der Graph ist weiter als die NP (gestaucht).

S. 107 **58** **a)** $D_1 = \mathbb{Q}\setminus\{4\}$; $D_2 = \mathbb{Q}\setminus\{0\}$;

b)

x	$f_1(x)$	$f_2(x)$
–5	1,11	2,3
–4	1	2,38
–3	0,86	2,5
–2	0,67	2,75
–1	0,4	3,5
–0,5		5
–0,3		7
–0,1		17
0	0	nicht definiert
0,1		–13
0,3		–3
0,5		–1
1	–0,67	0,5
2	–2	1,25
3	–6	1,5
3,2	–8	
3,4	–11,33	
3,5	–14	
4	nicht definiert	1,63
4,5	18	
4,7	13,43	
4,8	12	
5	10	1,7

c)

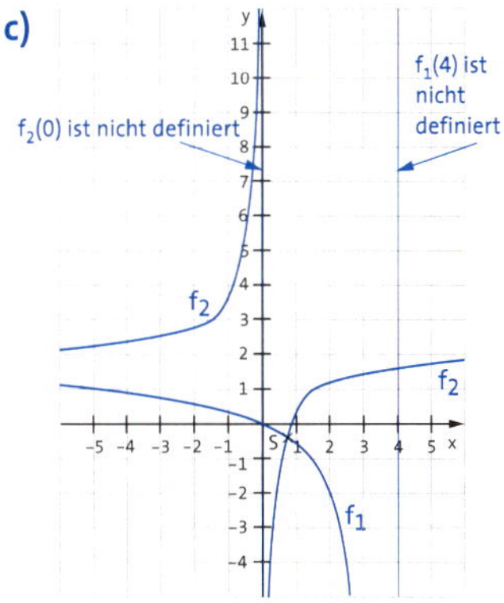

d) Der Schnittpunkt ist S $(\frac{12}{19}|-\frac{3}{8})$. Diesen hast du bestimmt nicht abgelesen. Das heißt, die zeichnerische Lösung liefert oft nur grobe Näherungswerte. Zudem musst du dir hierbei immer wieder bewusst machen, dass du nur die Schnittpunkte des gezeichneten Ausschnitts ablesen kannst. Wie der Graph weiter verläuft, weißt du nicht.

S. 107 **59** (1) $D_1 = \mathbb{Q}\setminus\{-4\}$; $D_2 = \mathbb{Q}\setminus\{4\}$; S $(0|\frac{5}{4})$; (2) $D_1 = \mathbb{Q}\setminus\{0\}$; $D_2 = \mathbb{Q}\setminus\{\frac{1}{4}\}$; S $(\frac{1}{2}|6)$

S. 108 **60** **a)** S_a (2|0);

b) S_b (–3|0);

c) S_c (1,5|0);

d) S_d (–1,25|0)

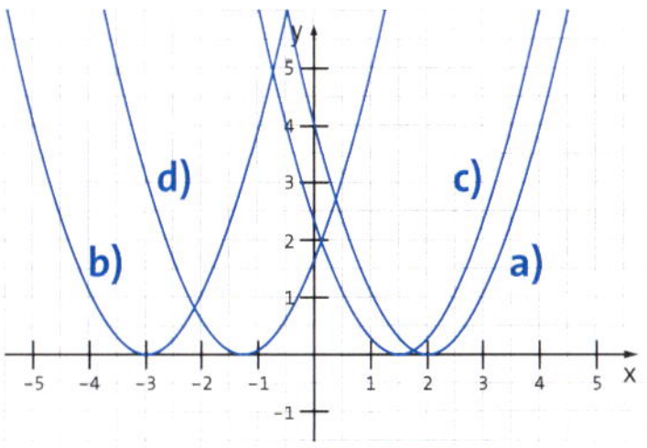

LÖSUNGEN

S. 108 **61** **a)** $f(x) = (x+2{,}5)^2$; **b)** $f(x) = x^2 + \frac{17}{3}$; **c)** $f(x) = x^2 - 2$; **d)** $f(x) = (x - 3{,}2)^2$

S. 109 **62** **a)** $f(x) = (x-1)(x+1) = x^2 - 1$; S $(0|-1)$; **b)** $f(x) = -3(x^2 - 1) = -3x^2 + 3$; S $(0|3)$;
c) $f(x) = \frac{x^2 - 2}{4} = \frac{1}{4}(x^2 - 2) = \frac{1}{4}x^2 - \frac{1}{2}$; S $(0|-0{,}5)$;
d) $f(x) = x^2 - 8x + 18 = (x-4)^2 + 2$; S $(4|2)$

S. 109 **63** **a)** $x^2 + 6x + 5 = 0$. Es gibt zwei Nullstellen: $x_1 = -5$; $x_2 = -1$.
b) $x^2 + 6x + 11 = 0$. Es gibt keine Nullstelle: $L = \{\}$.
c) $2x^2 - 12x + 18 = 0$. Es gibt eine Nullstelle: $x = 3$.
d) $x^2 - 8x + 18 = 0$. Es gibt zwei Nullstellen: $x_1 = -3$; $x_2 = -1$.

S. 109 **64** **a)** NF; $f(x) = x^2 + 4x + 3 = x^2 + 4x + 2^2 - 2^2 + 3 = (x+2)^2 - 1$; S $(-2|-1)$;
b) AF; $f(x) = -3x^2 + 6x - 3 = -3(x^2 - 2x + 1) = -3(x-1)^2$; S $(1|0)$;
c) AF; $f(x) = -x^2 - 4x - 5 = -(x^2 + 4x + 5) = -(x^2 + 4x + 4 - 4 + 5) = -(x+2)^2 - 1$; S $(-2|-1)$;
d) NF; $f(x) = x^2 - 2x + 1 = (x-1)^2$; S $(1|0)$

S. 109 **65** Weil die allgemeine quadratische Funktion drei Parameter hat, müssen drei Bedingungen aufgestellt werden: (1) aus P folgt: $a - b + c = 23$; (2) aus Q folgt: $c = 8$; (3) aus R folgt: $a + b + c = -1$. Es folgt: $a = 3$, $b = -12$, $c = 8$; Funktionsgleichung: $f(x) = 3x^2 - 12x + 8$

S. 110 **66** **a)** und **d)** gehören zu keinem Schaubild.
b) (3), denn das Schaubild entspricht dem Graphen der Quadratwurzelfunktion, um 2 Einheiten nach oben verschoben.
c) (1), denn das Schaubild entspricht dem Graphen der Quadratwurzelfunktion, um 2 Einheiten nach links verschoben.
e) (4), denn das Schaubild entspricht dem Graphen der Quadratwurzelfunktion, gestaucht um den Faktor 0,5 und um 3 Einheiten nach rechts verschoben.
f) (2), denn das Schaubild entspricht dem Graphen der Quadratwurzelfunktion, gestreckt um den Faktor 2 und um 2 Einheiten nach rechts sowie um 3 Einheiten nach unten verschoben.

S. 110 **67** **a)**

x	0	1	2	3	4	5	6
f(x)	0	1	1,6	2,1	2,5	2,9	3,3

b)

x	0	1	2	3	4	5	6
g(x)	0	1	2,8	5,2	8	11,2	14,7

c)

x	0	1	2	3	4	5	6
h(x)	1	3	4,4	5,6	6,7	7,7	8,7

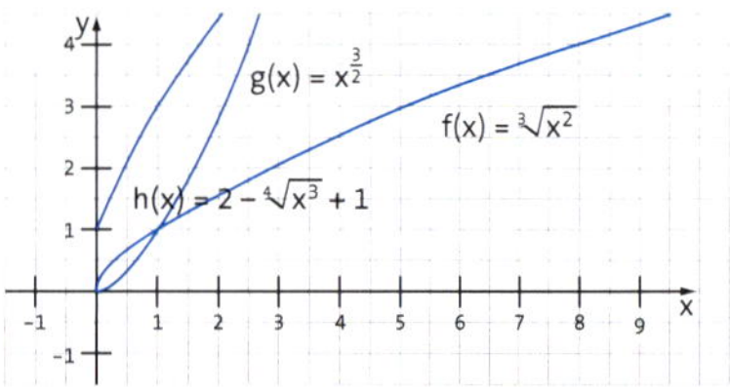

S. 111 **68** Die erste Aussage ist falsch. Gegenbeispiel: $f(x) = 3$. Die zweite und die dritte Aussage sind richtig.

S. 111 **69** Berechnung der Umkehrfunktion:
Funktionsgleichung f: $y = \sqrt{x-2}$; nach x auflösen: $y^2 = x - 2 \Leftrightarrow y^2 + 2 = x$;
x und y vertauschen: $x^2 + 2 = y$; Funktionsgleichung g: $y = x^2 + 2$

S. 111 **70** **a)** $f^{-1}(x) = \frac{1}{3}x$; $D = \mathbb{R}$; **b)** $f^{-1}(x) = \sqrt{\frac{1}{5}x}$ oder $f^{-1}(x) = -\sqrt{\frac{1}{5}x}$; $D = \{x|x \geq 0\}$;
c) $f^{-1}(x) = \sqrt{\frac{1}{2}x + \frac{1}{2}}$ oder $f^{-1}(x) = -\sqrt{\frac{1}{2}x + \frac{1}{2}}$; $D = \{x|x \geq -1\}$;
d) $f^{-1}(x) = \sqrt{x-3} + 1$; $D = \{x|x \geq 3\}$

S. 112 **71** **a)** Achsensymmetrie zur y-Achse, da $f(-x) = f(x)$;
b) Punktsymmetrie zum Ursprung, da $f(-x) = -f(x)$;
c) Achsensymmetrie; **d)** Punktsymmetrie

S. 112 **72** **a)** (2), da 2k ein gerader Exponent ist; **b)** (3), da $f_2(x)$ bei $x = 0$ nicht definiert ist und 2k eine gerade Zahl ist; **c)** (4), da $2k + 1$ ein ungerader Exponent ist;
d) (1), da $f_4(x)$ bei $x = 0$ nicht definiert ist und $2k + 1$ eine ungerade Zahl ist

S. 112 **73** **a)** $P_1(\frac{1}{2}|\frac{1}{8})$, $P_2(2|8)$, $P_3(-3|-27)$; **b)** $P_1(-2|16)$, $P_2(3|81)$, $P_3(0|0)$;
c) $P_1(2|\frac{1}{2})$, $P_2(-\frac{1}{2}|-2)$, $P_3(-\frac{1}{10}|-10)$; **d)** $P_1(-2|\frac{1}{4})$, $P_2(\frac{1}{2}|4)$, $P_3(1|1)$

S. 113 **74** **a)** Nach einer Stunde ist die Kerze noch 8,7 cm lang, nach drei Stunden noch 6,1 cm, nach 9 Stunden ist sie vollständig abgebrannt.
b) lineares Wachstum; **c)** $f(t) = 10 - 1{,}3t$.
d) Nach ca. 4,5 Stunden ist die Kerze nur noch 4 cm lang.
e) Der Graph ist eine Gerade, die durch die Punkte (0|10) und (5|3,5) geht

S. 113 **75** **a)** 1,23; **b)** 1,023; **c)** 2; **d)** 0,34; **e)** 3; **f)** 0,9998

S. 113 **76** **a)** $f(x) = 1\text{ mg} \cdot 0{,}75^x$; x = Anzahl der Stunden;
b) Es befinden sich nach 2 Stunden noch 0,5625 mg radiaktives Jod im Körper. Nach 5 Stunden sind es nur noch 0,2373 mg.
c) Nach 3 Stunden und 24 Minuten (3,4 h) ist nur noch die Hälfte des radioaktiven Jods (0,375 mg) vorhanden.

S. 114 **77** **a)** 30°; 0,524; und z. B. 390°; 6,807; **b)** 60°; 1,047; und z. B. 420°; 7,330;
c) 46,47°; 0,811; und z. B. 406,47°; 7,094; **d)** −76°; −1,33; **e)** 26,6°; 0,46;
f) 87,6°; 1,53; **g)** 110,85°; 1,935

S. 114 **78** Für $x = 0$, π und 2π ist $\sin x = 0$.

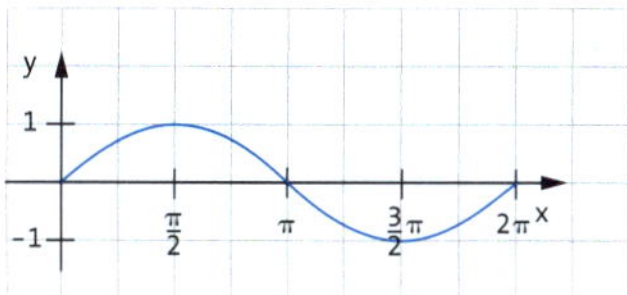

S. 114 **79**

	Funktion	$\cos(x + \frac{\pi}{2})$	$-2 \cos x$	$\sin(\frac{1}{2}x)$	$\sin(2x)$
a)	**Kurve**	4)	1)	3)	2)
b)	**Wertebereich**	$W = \{y \mid -1 \le y \le 1\}$	$W = \{y \mid -2 \le y \le 2\}$	$W = \{y \mid -1 \le y \le 1\}$	$W = \{y \mid -1 \le y \le 1\}$
c)	**Hochpunkte**	$\left(\frac{3\pi}{2} + 2k\pi \mid 1\right)$ mit $k \in Z$	$(\pi + 2k\pi \mid 2)$ mit $k \in Z$	$(\pi + 4k\pi \mid 1)$ mit $k \in Z$	$\left(\frac{\pi}{4} + k\pi \mid 1\right)$ mit $k \in Z$
	Tiefpunkte	$\left(\frac{\pi}{2} + 2k\pi \mid -1\right)$ mit $k \in Z$	$(2k\pi \mid -2)$ mit $k \in Z$	$(-\pi + 4k\pi \mid -1)$ mit $k \in Z$	$\left(\frac{3\pi}{4} + k\pi \mid -1\right)$ mit $k \in Z$
d)	**Periodelänge**	2π 360°	2π 360°	4π 720°	π 180°
e)	**Nullstellen**	..., $-\pi$, 0, π, ... −180°, 0, 180°, ...	..., $-\frac{\pi}{2}$, $\frac{\pi}{2}$, $3\frac{\pi}{2}$, ..., −90°, 90°, 270°, ...	-2π, 0, 2π, ...−360°, 0°, 360°, ...	..., $-\frac{\pi}{2}$, 0, $\frac{\pi}{2}$, ... −90°, 0, 90°, ...

S. 115 **80** **a)** β; **b)** $\beta \approx 49°$; $\gamma \approx 64°$; **c)** $c \approx 5{,}7$ cm

LÖSUNGEN

S. 115 **81** $\beta = 121°$; $c \approx 93$ m; $b \approx 139$ m. Die Zaunlänge beträgt ungefähr 298 m.

S. 116 **82** Richtige Aussagen: a); f); h); i)

S. 116 **83** 1): Graph von $f(x) = e^x$; 2): Graph von $f(x) = 2^x$; 3): Graph von $f(x) = 1{,}3^x$

5 Wahrscheinlichkeitsrechnung und Statistik

S. 117 **1** **a)**

Größe	Strichliste	Absolute Häufigkeit	Relative Häufigkeit in %
131–140 cm	|||	3	15 %
141–150 cm	𝍸 𝍸	10	50 %
151–160 cm	𝍸 ||	7	35 %
gesamt	𝍸 𝍸 𝍸 𝍸	20	100 %

b) 20 Schüler haben an der Befragung teilgenommen.

c)

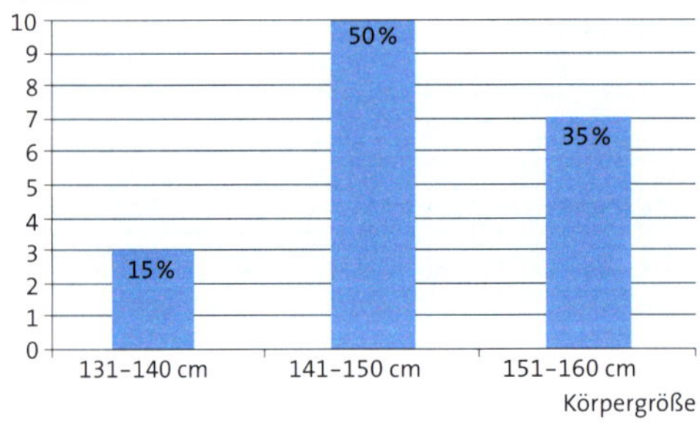

d)

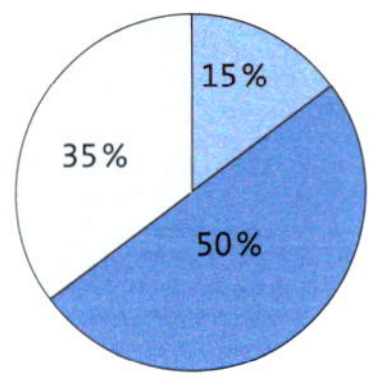

15 %, das entspricht 54°;
50 %, das entspricht 180°;
35 %, das entspricht 126°.

S. 118 **2** Ergebnisse; Ergebnismenge Ω; Ereignis; absolute Häufigkeit; $\frac{12}{60} = \frac{1}{5} = 20\,\%$; sicheres; unmögliches

S. 118 **3** **a)** A = {1; 3; 5}; **b)** B = {5}; **c)** D = {1; 2; 3; 4; 5; 6}; **d)** F = { } (leere Menge)

S. 119 **4** Richtige Antworten: 1, 2, 5

S. 119 **5** **b)** P(B) = 0,49 = 49 %; **c)** P(C) = 0,5 = 50 %; **d)** P(D) = 1 = 100 % (sicheres Ereignis); **e)** P(E) = 0,5 = 50 %; **f)** P(F) = 0 (unmögliches Ereignis)

S. 120/121 **6** $P(K) = \frac{75}{100} = \frac{3}{4}$; $P(N) = \frac{25}{100} = \frac{1}{4}$

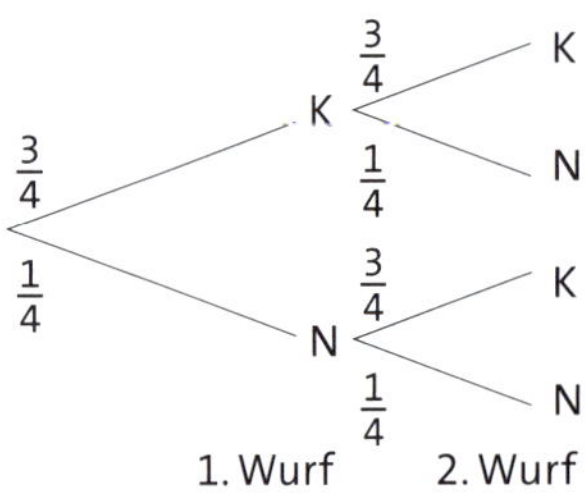

$P(K,K) = \frac{3}{4} \cdot \frac{3}{4} = \frac{9}{16} = 0{,}5625 = 56{,}25\,\%$

$P(K,N) = \frac{3}{4} \cdot \frac{1}{4} = \frac{3}{16} = 0{,}1875 = 18{,}75\,\%$

$P(N,K) = \frac{1}{4} \cdot \frac{3}{4} = \frac{3}{16} = 0{,}1875 = 18{,}75\,\%$

$P(N,N) = \frac{1}{4} \cdot \frac{1}{4} = 0{,}0625 = 6{,}25\,\%$

	günstige Ergebnisse	Summenregel
a)	(K,N); (N,K)	P(A) = P(K,N) + P(N,K) = 37,5 %
b)	(K,N); (N,K); (K,K)	P(B) = P(K,N) + P(N,K) + P(K,K) = 93,75 %
c)	(K,K)	P(C) = P(K,K) = 56,25 %
d)	alle	P(D) = 100 % (sicheres Ereignis)
e)	(N,N)	P(E) = P(N,N) = 6,25 %
f)	(K,K)	P(F) = 56,25 %

Er trifft mit einer Wahrscheinlichkeit von

a) 37,5 % genau einmal;

b) 93,75 % mindestens einmal;

c) 56,25 % mindestens zweimal;

d) 100 % höchstens zweimal (sicheres Ereignis);

e) 6,25 % gar nicht;

f) 56,25 % immer.

S. 121 **7**

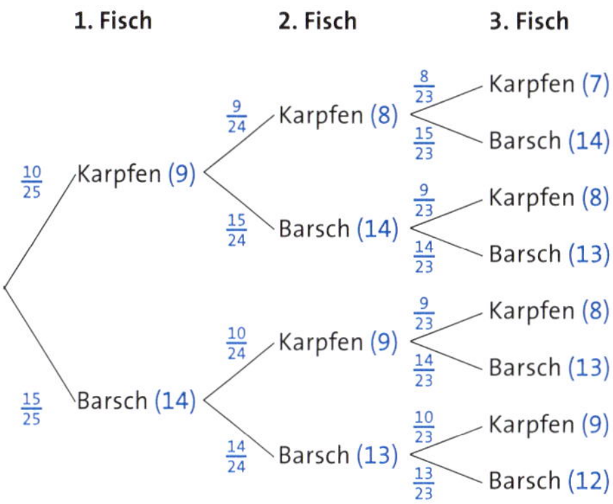

$P(KKK) = \frac{10 \cdot 9 \cdot 8}{25 \cdot 24 \cdot 23} = \frac{720}{13\,800} \approx 0{,}0522 = 5{,}22\ \%$

$P(KKB) = \frac{10 \cdot 9 \cdot 15}{25 \cdot 24 \cdot 23} = \frac{1350}{13\,800} \approx 0{,}0978 = 9{,}78\ \%$

$P(KBK) = \frac{10 \cdot 15 \cdot 9}{25 \cdot 24 \cdot 23} = \frac{1350}{13\,800} \approx 0{,}0978 = 9{,}78\ \%$

P(KBB)

$P(BKK) = \frac{15 \cdot 10 \cdot 9}{25 \cdot 24 \cdot 23} = \frac{1350}{13\,800} \approx 0{,}0978 = 9{,}78\ \%$

P(BKB)

P(BBK)

P(BBB)

$P\ (\text{mind. 2 Karpfen}) = \frac{4770}{13\,800} \approx 0{,}346 = 34{,}6\ \%$

Er hat mit einer Wahrscheinlichkeit von ca. 0,346 = 34,6 % mindestens zwei Karpfen gefangen.

S. 121 **8** A: Nadja beantwortet beide Fragen richtig. B: Nadja beantwortet mind. eine Frage richtig. C: Nadja beantwortet nur die 2. Frage richtig.
R: Nadja beantwortet die Frage richtig. F: Nadja beantwortet die Frage nicht richtig.

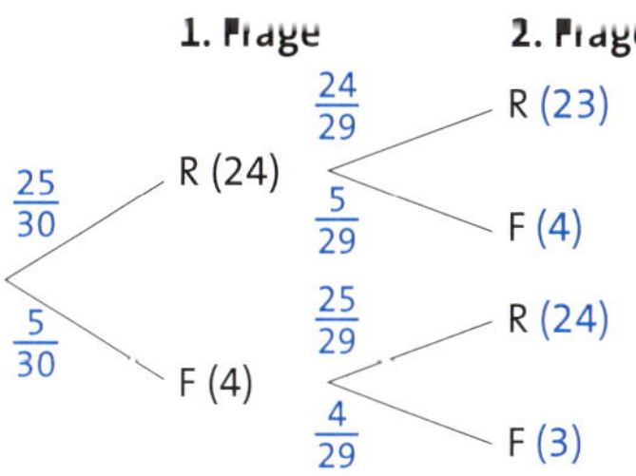

$P(R,R) = \frac{25 \cdot 24}{30 \cdot 29} = \frac{600}{870} \approx 0{,}6897 = 68{,}97\ \%$

$P(R,F) = \frac{25 \cdot 5}{30 \cdot 29} = \frac{125}{870} \approx 0{,}1437 = 14{,}37\ \%$

$P(F,R) = \frac{5 \cdot 25}{30 \cdot 29} = \frac{125}{870} \approx 0{,}1437 = 14{,}37\ \%$

$P(F,F) = \frac{5 \cdot 4}{30 \cdot 29} = \frac{20}{870} \approx 0{,}0230 = 2{,}30\ \%$

a) Die Wahrscheinlichkeit, dass Nadja beide Fragen richtig beantwortet, liegt bei ca. 69 % (P(A) = P(R,R) ≈ 68,97 %).

b) Die Wahrscheinlichkeit, dass Nadja mindestens eine Frage richtig beantwortet, liegt bei ca. 97,7 % (P(B) = P(R,R) + P(R,F) + P(F,R) ≈ 97,7 %).

LÖSUNGEN

c) Die Wahrscheinlichkeit, dass Nadja nur die zweite Frage richtig beantwortet, liegt bei ca. 14,4 % (P(C) = P(F,R) ≈ 14,4 %).

S. 122/123 **9** **a)** Die Wahrscheinlichkeit, dass beide Kinder Mädchen sind, beträgt 0,5.
b) Die Wahrscheinlichkeit, dass beide Kinder Mädchen sind, beträgt $\frac{1}{3}$, also ca. 0,33.

S. 123 **10** D: Teilnehmer(in) ist Deutsche(r). $\overline{D}$: Teilnehmer(in) ist Französin oder Franzose.
T: Teilnehmer(in) trinkt Orangensaft. $\overline{T}$: Teilnehmer(in) trinkt keinen Orangensaft.

	D	$\overline{D}$	
T	13	2	15
$\overline{T}$	37	48	85
	50	50	100

13 der insgesamt 15 Orangensaft-Trinker(innen) sind Deutsche, d. h., mit einer Wahrscheinlichkeit von $\frac{13}{15} \approx 0{,}87$ handelt es sich um eine Deutsche bzw. einen Deutschen.

S. 124 **11** P(Hellblau) = $\frac{2}{9}$; P(Blau) = $\frac{3}{9}$; P(Weiß) = $\frac{4}{9}$. Es ist mit einem Gewinn zu rechnen, da für den Erwartungswert E(X) gilt:
$E(X) = \frac{2}{9} \cdot 2\,€ + \frac{3}{9} \cdot 0{,}5\,€ - \frac{4}{9} \cdot 1\,€ \approx 0{,}17\,€.$

S. 124 **12** **a)** P(Herz; Herz) = $\frac{1}{25}$; P(2 gleiche (kein Herz)) = $\frac{4}{25}$. Für den zu erwartenden Gewinn E(X) gilt: $E(X) = \frac{1}{25} \cdot 6\,€ + \frac{4}{25} \cdot 1\,€ - \frac{20}{25} \cdot 1\,€ = -\frac{10}{25} = -0{,}40\,€.$
Das Spiel ist nicht fair. Man muss im Schnitt mit einem Verlust von 0,40 € rechnen. Dies sind 40 % des Einsatzes.
b) Ja, denn es werden im Schnitt 60 % (60 ct pro 1 € Einsatz) aller Einsätze wieder ausgespielt.

S. 125 **13** **a)** $\overline{E}$: Er hat keine von vier Fragen richtig beantwortet.
b) $\overline{E}$: Er hat keine von vier Fragen falsch beantwortet.

S. 125 **14** **a)** $p = \frac{1}{81} \approx 1{,}2$; **b)** $p = 1 - \frac{1}{81} = \frac{80}{81} \approx 98{,}8$; **c)** $p = 1 - \left(\frac{2}{3}\right)^4 = 1 - \frac{16}{81} = \frac{65}{81} \approx 80{,}2$

S. 126 **15** **a)** $\binom{4}{3} = 4$; $P(X = 3) = 4 \cdot 0{,}9^3 \cdot 0{,}1 \approx 0{,}2916$
b) 11. Zeile pascalsches Dreieck:
1 10 45 120 210 252 210 120 45 10 1
$\binom{10}{5} = 252$; $P(X = 5) = 252 \cdot 0{,}4^5 \cdot 0{,}6^5 \approx 0{,}2007$
c) 8. Zeile pascalsches Dreieck:
1 7 21 35 35 21 7 1
$P(X \geq 4) = 35 \cdot 0{,}2^4 \cdot 0{,}8^3 + 21 \cdot 0{,}2^5 \cdot 0{,}8^2 + 7 \cdot 0{,}2^6 \cdot 0{,}8^1 + 1 \cdot 0{,}2^7 \cdot 0{,}8^0 \approx 0{,}0333$

S. 126 **16** Mit einer Wahrscheinlichkeit von ca.
a) 0,16807 trifft er fünfmal; **b)** 0,9976 trifft er mindestens einmal;
c) 0,8369 trifft er mindestens dreimal; **d)** 0,4718 trifft er höchstens dreimal.

S. 127 **17** 0,5; 0,5; 0,5; 0,5; 0,6; 0,7; 0,7; 0,7; 0,8; 0,8; 0,9; 0,9; 1; 1; 1; 1; 1,1; 1,1
Min = 0,5; Max = 1,1; Modalwerte: 0,5 und 1; $\overline{x} \approx 0{,}8$; z = 0,8

S. 127 **18** **a)** Die beiden Werte liegen nah beieinander: z = 23; $\overline{x} = 21{,}8$
b) Frau Franz könnte z. B. sagen, dass sie zwischen 20 und 25 Minuten braucht.

S. 128/129 **19** Auf zwei Nachkommastellen gerundet:

		Gruppe 1	Gruppe 2
a)	arithm. Mittel	50,88	52,63
b)	Maximum	80,00	63,00
	Minimum	22,00	40,00
	Spannweite	58,00	23,00
c)	mittlere Abw.	24,38	6,63
d)	Varianz	612,61	54,98
e)	Standardabweichung	24,75	7,42

S. 129 **20** n = 10; min = 5; max = 60; Spannweite = 55; z = 22,5; $q_u = 20$; $q_o = 30$

S. 130 **21** **a)** $\overline{x} \approx 40{,}2$; z = 40 **b)** Spannweite d = 9; $\sigma^2 \approx 6{,}9$; $\sigma \approx 2{,}6$;

c)

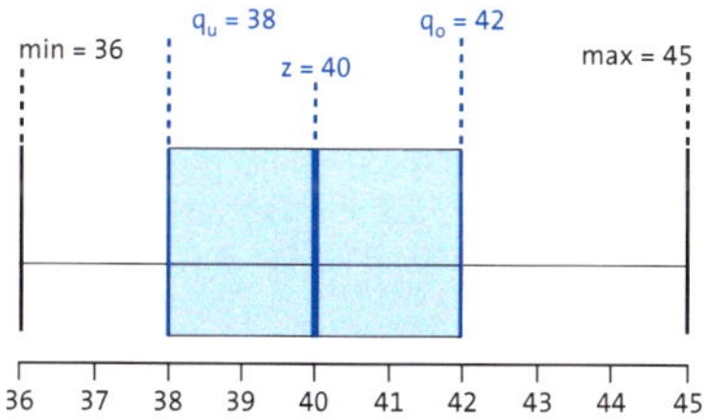

d)

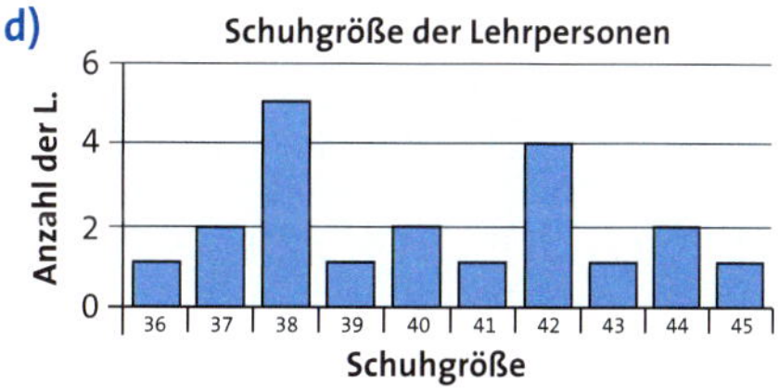

S. 130 **22**

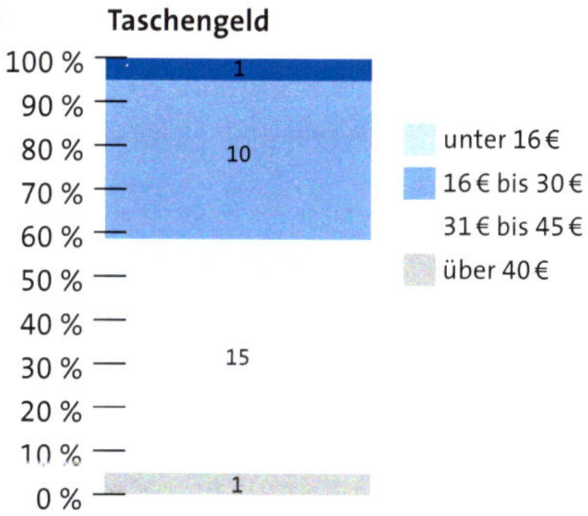

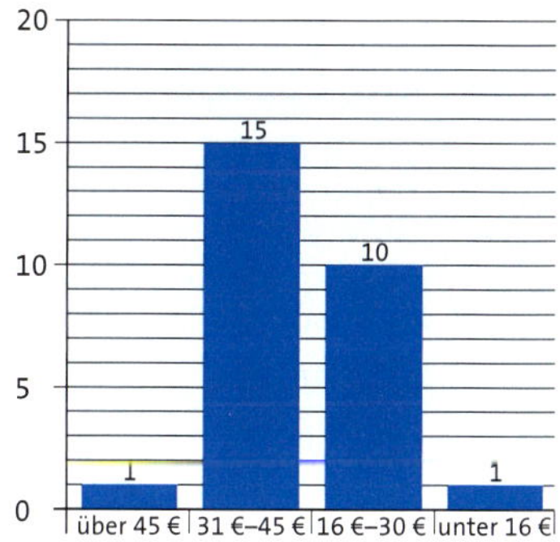

Das 3-fach-Prinzip für bessere Noten:

Wissen • Üben • Testen

„Einfach klasse in“ – die Lernhilfe mit den drei Lernbausteinen und echten Klassenarbeiten für eine gezielte Vorbereitung!

Deutsch

Deutsch 5. Klasse
ISBN 978-3-411-72152-8

Deutsch 6. Klasse
ISBN 978-3-411-72162-7

Deutsch 7. Klasse
ISBN 978-3-411-72252-5

Deutsch 8. Klasse
ISBN 978-3-411-72262-4

Deutsch 9. Klasse
ISBN 978-3-411-72412-3

Deutsch 10. Klasse
ISBN 978-3-411-72422-2

Englisch

Englisch 5. Klasse
ISBN 978-3-411-72132-0

Englisch 6. Klasse
ISBN 978-3-411-72142-9

Englisch 7. Klasse
ISBN 978-3-411-72272-3

Englisch 8. Klasse
ISBN 978-3-411-72282-2

Englisch 9. Klasse
ISBN 978-3-411-72592-2

Englisch 10. Klasse
ISBN 978-3-411-72602-8

Mathematik

Mathematik 5. Klasse
ISBN 978-3-411-72172-6

Mathematik 6. Klasse
ISBN 978-3-411-72182-5

Mathematik 7. Klasse
ISBN 978-3-411-72432-1

Mathematik 8. Klasse
ISBN 978-3-411-72442-0

Mathematik 9. Klasse
ISBN 978-3-411-72572-4

Mathematik 10. Klasse
ISBN 978-3-411-72582-3

Französisch

Französisch 1. Lernjahr
ISBN 978-3-411-72742-1

Französisch 2. Lernjahr
ISBN 978-3-411-72752-0

Französisch 3./4. Lernjahr
ISBN 978-3-411-72822-0

Latein

Latein 1. Lernjahr
ISBN 978-3-411-72722-3

Latein 2. Lernjahr
ISBN 978-3-411-72732-2

Latein 3./4. Lernjahr
ISBN 978-3-411-72812-1

Spanisch

Spanisch 1. Lernjahr
ISBN 978-3-411-73821-2

Spanisch 2. Lernjahr
ISBN 978-3-411-73811-3

Jeder Band:

- 128 Seiten (Spanisch 96 S.)
- kartoniert
- mit Umschlagklappen

Wie gefällt dir dieses Buch? Sag uns deine Meinung unter: **www.schuelerlexikon.de/meinung**